U0257427

你不可不知的

NI BUKE BUZHI DE SHIQIAN DONGWU BAIKE

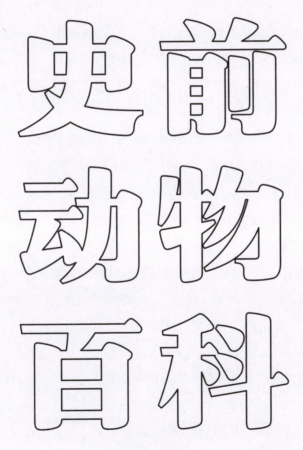

史前动物百科

禹田 编著

云南出版集团 晨光出版社

前　言
PREFACE

　　史前世界就像是个谜，始终若隐若现地指引着人们前去探索它、发掘它。而史前动物则是史前世界大舞台上毫无疑问的主角，这些奇异而丰富的生命曾经是这个星球的主宰。

　　随着科学技术的发展，我们对史前世界以及史前动物的了解越来越多，而小读者们对这个神秘的世界更是越来越好奇。因此，我们特意译著了这本《你不可不知的史前动物百科》，书中主要内容引自英国畅销史前动物科普类图书，原书作者杜格尔·迪克逊是英国著名的古生物科普作家，他撰写的图书占据了英国古生物类图书的半壁江山。同时，为了满足中国小读者的阅读需要，我们特意邀请了中国著名古生物学者邢立达先生对原书进行了翻译、增益和考订。邢立达先生的文笔专业而生动，一定会带给小读者一个不一样的史前世界阅读体会。

　　《你不可不知的史前动物百科》一书主要讲述在人类进入文明社会以前的史前最重要的时期，分为生命之初、三叠纪、侏罗纪、白垩纪、古哺乳类、冰河世纪六个章节，作者选取了近百种具有代表性的史前动物，根据科学家们掌握的材料，对它们的生活环境、生活习性等作了较全面的介绍。所有的动物都按照其生活的年代先后顺序排列，每种动物还单独列有相关的物种档案。除此之外，书中还设置了小贴士，其中有许多鲜为人知又十分有趣的资讯，希望能引发小读者们的思考，激发他们积极探索科学的兴趣。

中外权威古生物专家共同打造，配以大幅世界领先标准的精美复原插画和第一手的地质勘探图片，这是一次久违的阅读体验。翻开本书，古老而原始的史前气息扑面而来。

目 录
CONTENTS

第五章
古哺乳类

第六章
冰河世纪

第一章

生命之初

从古生代开始，
脊椎动物开始进化，
它们的骨骼留存至今成为化石。
我们对这一时期动物的认识就来源于它们的化石。
在这一时期，
地球上最早的陆生动物也开始进化。

奇异虫

物种档案

名称：奇异虫

拉丁文学名发音：par-oh-dox-ee-dees

种群：三叶虫

栖息地：加拿大、欧洲、北非

生活时期：早－中寒武世（5.36 亿至 5.18 亿年前）

体长：25 厘米

特征：身体分节，边缘带刺

食性：海底的微粒

天敌：大型节肢动物

* 奇异虫是最大的三叶虫之一。它们是左图中更大的动物——奇虾的猎物。在当时，奇虾是一种凶猛可怕的猎食者。

小贴士：奇异虫代表着三叶虫类进化的第一个阶段。

奇异虫属于三叶虫类的一种。三叶虫是寒武纪最主要的海洋生物，当时还没有陆地生物出现。三叶虫体外包有一层外壳，材质类似于我们的指甲。现生的虾就有类似的壳。奇异虫的腿处也出现了关节。

三叶虫的种类极为丰富，但所有种类都有一块大的头甲和一块尾甲，并且身体由许多可活动的胸节相互衔接而成。

它们之中有的能游泳，有的能挖地洞，有的可以蜷缩成一个球。

02

直角石

在古生代（地球生命首次繁荣的时期）早期，所有生物都生活在海里。直角石是那个时期最大的猎食者之一，据估计可能长达 1 米左右。它看起来像是寄生在长直壳里的章鱼。直角石用它那强壮的触须捕食其他动物。

凭借其流线型的外形，直角石可快速追捕猎物。它借助喷出的水流让自己快速前进。

直角石的壳内有许多腔室，当腔室充气时它就能够漂浮。要下沉的时候，只要往腔室里注满水就行了。

物种档案

名称：直角石（意即"笔直的外壳"）

拉丁文学名发音：orth-oh-seer-us

种群：头足类

栖息地：世界各地

生活时期：奥陶纪（4.85 亿至 4.44 亿年前）

体长：15 厘米至 1 米

特征：壳内有很多腔室

食性：其他海洋动物

天敌：无

小贴士：直角石的化石比较常见。在国外的化石店里，人们经常能看到经过抛光处理后显圆滑的直角石化石。

双笔石

在古生代的海面上漂浮着许多像水母一样的生物，这种生物叫笔石类。图中看到的双笔石就是笔石类的一种，它们背靠背长着两排杯状物（上攀的笔石枝形成的房室）。

每一个"杯子"就是一个笔石。杯状物连接到外观像飞碟的住室上。笔石通过住室在海洋中聚生。

一个笔石群落就像一把锯的锯口，每根"锯牙"就是一个小"杯"，而每个小"杯"就是一个笔石。所以说，笔石群落是由许多笔石聚集而成的。

小贴士：笔石的命名由其笔石枝（也就是"杯子"）的数目而定：单笔石的笔石体只有一个上攀的笔石枝，四笔石由四个笔石枝组成，而双笔石则由两个笔石枝组成。

物种档案

名称：双笔石

拉丁文学名发音：dip-low-grap-tus

种群：笔石类

栖息地：遍布全球海洋

生活时期：晚奥陶世（4.58 亿至 4.44 亿年前）

体长：每个笔石枝长约 10 厘米

特征：两列笔石枝背靠背

食性：以浮游生物为食

天敌：无

物种档案

名称：鱼石螈（意即"鱼的头骨"）

拉丁文学名发音：ick-thee-oh-stay-ga

种群：迷齿类——最早的两栖类

栖息地：格陵兰岛

生活时期：晚泥盆世（3.77 亿至 3.62 亿年前）

体长：1 米

特征：肩膀和臀部足够强壮，可以带动四肢活动

食物：昆虫和其他小动物

天敌：大鱼

鱼石螈

　　鱼石螈是我们已知最早的两栖类。虽然这家伙长着和陆生动物相似的身体、四肢和趾，但脑袋却跟鱼一样，尾巴上也有鳍。这表明鱼石螈的祖先是鱼类。

　　鱼石螈的生活习性很可能跟今天生活在热带的弹涂鱼相似。

　　虽然鱼石螈可以走上岸来，但它主要还是在水里生活。独特的四肢让它可以在杂草丛生的水中穿梭。

＊弹涂鱼是鱼的一种，不过它们发达的胸鳍使其可以上岸来待一会儿。

小贴士：鱼石螈的特别之处在于它的趾数。它的后肢有八根趾，前肢有六根，而后来进化出的脊椎动物最多只有五根。

9

提塔利克鱼

在泥盆纪的鱼类中，有少数几种可以偶尔离开水面生活，这些鱼长有肺，能够在空气中呼吸。它们虽然不能在陆地上长期生活，但却是最早登陆的海洋动物之一。提塔利克鱼就是其中的一种。

提塔利克鱼长有骨鳍，分为肩胛骨、肘部和腕关节。这意味着这种鱼可以把鳍当作四肢用，在陆地上行走。提塔利克鱼的头骨更像鳄鱼而不像鱼。

提塔利克鱼生活在溪流和池塘中。当干旱季来临，池塘水源干枯的时候，提塔利克鱼就利用它的鳍肢爬上岸，去寻找另一个新的水源地。

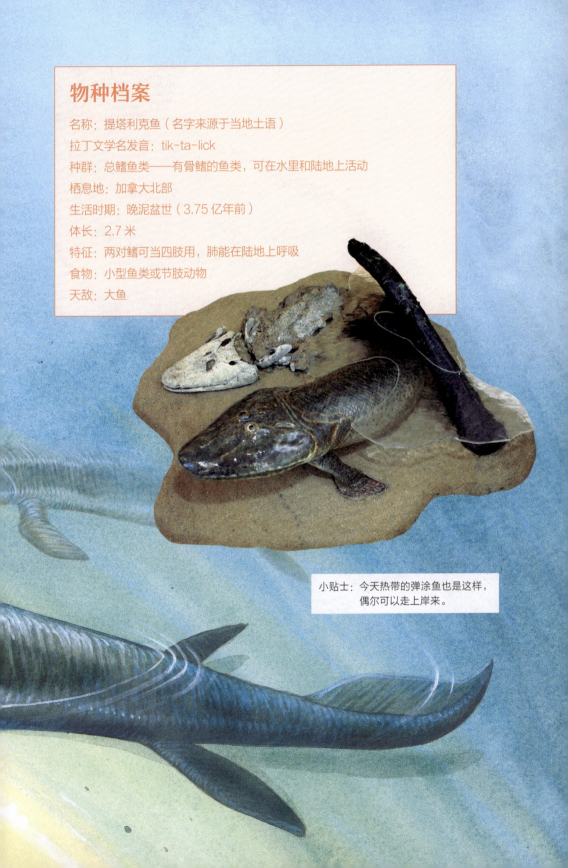

物种档案

名称：提塔利克鱼（名字来源于当地土语）

拉丁文学名发音：tik-ta-lick

种群：总鳍鱼类——有骨鳍的鱼类，可在水里和陆地上活动

栖息地：加拿大北部

生活时期：晚泥盆世（3.75 亿年前）

体长：2.7 米

特征：两对鳍可当四肢用，肺能在陆地上呼吸

食物：小型鱼类或节肢动物

天敌：大鱼

小贴士：今天热带的弹涂鱼也是这样，偶尔可以走上岸来。

邓氏鱼

小贴士：最常发现的邓氏鱼化石是该类鱼的头部和颈部化石，原因是这两部分的外壳很坚硬。

物种档案

名称：邓氏鱼

拉丁文学名发音：dunk-el-ost-ee-us

种群：节甲鱼类——头甲和胸甲之间借助髁窝关节相连接的鱼类

栖息地：北美洲

生活时期：晚泥盆世（3.7亿至3.6亿年前）

体长：9米

特征：强有力的颌部长有剪刀状的利刃

食物：其他鱼类

天敌：无

古生代的泥盆纪也被称为"鱼世纪"，这是因为在当时的海洋和河流中鱼类开始兴盛。小型鱼类基本以小型有机物为食，但也有一些大型鱼类演化成了可怕的猎食者。邓氏鱼就是其中最大、最凶猛的一种。

邓氏鱼属头颈披甲的节甲鱼类。光滑的头甲让这种鱼的身体整体呈水滴状，使得它可以在水中快速游动，进行捕食。

*这个可怕的家伙是晚泥盆世海洋动物的噩梦。不过它却不长牙，而是从颌部两边长出了像剪刀一样的利刃，并且边端是钩状的，可以钩住猎物。

西洛仙蜥

两栖动物和爬行动物明显不同的一点，就是爬行动物可以在陆地上产卵，而两栖动物必须在水里产卵。西洛仙蜥曾被认为是最早的爬行动物，但目前被认为更接近两栖动物。

西洛仙蜥的外貌类似小型蜥蜴，生活习性也应该跟蜥蜴相似，以吃灌木丛中的昆虫为生。

目前人们只找到一块西洛仙蜥的化石（由于长时间埋藏在地下而变成坚固岩石的史前动植物遗骸）。这块化石是在采石场挖掘到的，同时发现的还有蜘蛛、蝎子、陆生植物的化石等，这些生物共同生活在沼泽地和丛林中。

物种档案

名称：西洛仙蜥（名字来源于化石的发现地——苏格兰的西洛锡安区）

拉丁文学名发音：west-low-thee-ah-na

种群：曾被认为是最早的爬行类动物

栖息地：苏格兰

生活时期：早石炭世（3.38 亿年前）

体长：30 厘米

特征：完全可以在陆地上下蛋、生活

食物：昆虫和蜘蛛

天敌：布龙度蝎子——一种体长达 1 米的巨型蝎子

小贴士：虽然我们把西洛仙蜥归类为爬行动物，但它的骨骼却和两栖动物的非常相似。从西洛仙蜥身上我们看到了两栖动物是如何演化成爬行动物的。

异齿龙

二叠纪是古生代的最后一个时期。在二叠纪的初期，沙漠覆盖了大半个地球。异齿龙是一种非常适应在干旱燥热的环境中生存的爬行动物。

沙漠的早晨较寒冷，这时候异齿龙就把它背上的帆张开，吸收阳光，使自己暖和一点儿。到了炎热的中午，拂过脊帆的风又使异齿龙身体冷却下来。

异齿龙长有两种类型的牙齿，这在爬行动物中很独特：长在前端的长牙负责把肉撕下来，后端的短牙则用于把肉嚼碎。

物种档案

名称：异齿龙（意即"两种不同类型的牙齿"）

拉丁文学名发音：di-met-ro-don

种群：盘龙类

栖息地：美国得克萨斯州

生活时期：早二叠世（2.99 亿至 2.59 亿年前）

体长：3.3 米

特征：竖立的脊帆，上覆一层皮肤

食性：捕食其他爬行动物

天敌：无

小贴士：许多人错误地把异齿龙当作是恐龙。实际上，异齿龙早在恐龙出现前就已经存在了，它和恐龙根本没有亲缘关系。

雷塞兽

雷塞兽长着修长的脑袋、锋利的牙齿，四肢很长，可快速奔跑，并且很可能是群居的。科学家估计，雷塞兽的外貌及习性与现代的狼较为相似。雷塞兽等二叠纪爬行动物是哺乳动物的远古祖先。

雷塞兽嘴巴前端长着致命的利牙，后端的牙齿则用来切肉。现代狼的牙齿构造和功能也是这样。

小贴士：雷塞兽的四肢很靠近身体（就像鳄鱼那样），这使得它比当时的大多数动物都跑得快。

物种档案

名称：雷塞兽（意即"样子像犬类的动物"）

拉丁文学名发音：lie-kee-nops

种群：丽齿兽类——哺乳动物的一支，样子像爬行动物

栖息地：南非

生活时期：晚二叠世（2.59 亿至 2.52 亿年前）

体长：1 米

特征：样子像犬类，长有狼那样的牙

食性：捕食爬行动物

天敌：更大的肉食性爬行动物

冠鳄兽

在二叠纪，许多陆地变成了荒漠，然而并不是所有沙漠都是干旱贫瘠、无生命的。有些地方有湖泊或者河流，植物可以在此生长。这些地方也成了一些大型植食性爬行动物的家园。

冠鳄兽就是其中之一，冠鳄兽属包括两个种：乌拉尔冠鳄兽和奇异冠鳄兽，前者体型更大，但头上的冠饰（角）不明显；后者体型较小，但头上的冠饰大，且棱角分明，更加美观。

冠鳄兽与众不同的是它头部拥有数个不同的角状物。这些角状物或许是用来警告对方别靠近自己，或者是用来做武器的。冠鳄兽或许也会像现代公牛那样用角来互相打斗。

物种档案

名称：冠鳄兽（意即"有角的鳄鱼"）

拉丁文学名发音：es-tem-en-oh-sook-us

种群：恐头兽类——哺乳动物的一个种群，外形像爬行动物

栖息地：俄罗斯东部

生活时期：晚二叠世（2.59亿至2.52亿年前）

体长：4米

特征：头部长有几只角

食性：杂食性

天敌：雷塞兽等食肉动物

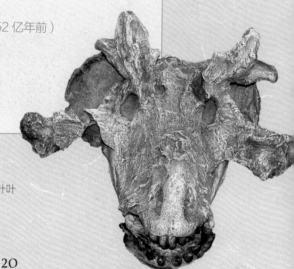

* 冠鳄兽很可能以小数量群居，吃蕨类植物和针叶树，这些植物是当时的主要植物。

小贴士：冠鳄兽模样可怕，长有巨牙，是种大型、早期杂食性动物。

第二章

三叠纪

按照大陆漂移学说，
三叠纪时期，
地球上的各大洲都拼凑在一起，
形成一块超大陆。
在这一时期，
爬行动物开始在海洋、
陆地和天空中大量繁衍。
恐龙和哺乳动物的祖先也在这一时期开始进化。

犬颌兽

在三叠纪，有一类爬行动物进化得酷似哺乳动物，它们不但体形相似，还很可能是温血的，甚至还可能长有毛发。这个种群最终在三叠纪进化成了哺乳动物。犬颌兽就是早期类哺乳动物中的一种。

科学家认为，犬颌兽身上长有毛发，因为在其吻部的骨头上发现有腮须毛孔坑——只有长毛发的动物才会有腮须。

犬颌兽的头骨与哺乳动物的头骨类似，只有颌骨才具有典型的爬行动物特征。

小贴士：科学工作者在非洲、南美洲、亚洲乃至南极洲都发现了犬颌兽的化石，这表明在三叠纪时，这些大陆是连在一起的。

物种档案

名称：犬颌兽（意即"犬形颌骨"）

拉丁文学名发音：sy-nog-nay-thus

种群：兽孔类（似哺乳爬行动物）

栖息地：非洲、南美洲、亚洲及南极洲

生活时期：中三叠世（2.45 亿至 2.37 亿年前）

体长：1.5 米

特征：牙齿像犬类一样——前面是切牙，两旁长着犬齿，后面则
　　　长有磨牙，用于磨碎食物

食性：捕食其他动物

天敌：大型陆生鳄类

幻龙

幻龙是早期的海生肉食爬行动物之一，长有像海豹一样有蹼的脚，脖子很长，长长的嘴巴里满是牙齿，这使它能灵活自如地捕捉鱼类。长尾巴还有助于它们在水中游动。尽管幻龙大部分时间都生活在海里，但它们仍需要不时浮出水面呼吸。

幻龙类又包含好几种动物，鸥龙是其中最小的一种，身长只有60厘米。壳龙和幻龙体形要大一些，更适合在海里生活。长长的脖子和鳍一样的四肢便于它们在水中觅食，捕捉鱼类。

小贴士：幻龙并非只待在海里，四肢骨骼的结构表明它可以爬上岸来。幻龙应该是在陆地下蛋的。

物种档案

名称：幻龙（意即"不真实的蜥蜴"）

拉丁文学名发音：noth-oh-wawr-us

种群：幻龙类

栖息地：西至欧洲、北非，东至中国

生活时期：三叠纪（2.52 亿至 2.08 亿年前）

体长：3 米

特征：有蹼的脚，锋利的长牙

食物：鱼和小型水生爬行动物

天敌：鲨鱼、恐龙

* 幻龙化石在全球都有发现。幻龙曾是
最常见和分布最广的水生爬行物种。

亚利桑那龙

在三叠纪，陆地上最凶猛的动物是亚利桑那龙这样的肉食性鳄类。与现生鳄鱼不同的是，亚利桑那龙并非匍匐爬行，而是像犬那样用四肢行走。它们在沙漠中四处搜寻，专门猎食那些生活在绿洲（沙漠中的绿地，有水和植物生长）的大型植食性爬行动物。

在早晨气温较低的时候，亚利桑那龙的背帆可从阳光中吸取热量，这样有助于它保持体温。由此也使得亚利桑那龙行动更敏捷，更容易捕食到那些行动迟缓的猎物。

亚利桑那龙的第一块化石发现于1947年，但当时的科学家误以为那是恐龙化石。随后人们把这种新发现的动物命名为亚利桑那龙。直到2000年，人们才认识到这属于一种鳄类，而非恐龙。

小贴士：亚利桑那龙很像异齿龙——一种背上长有帆的原始爬行动物，不过实际上这两种动物并没有很近的亲缘关系，它们外形相像只不过是因为生活习性相近所致。

28

物种档案

名称：亚利桑那龙（意即"来自美国亚利桑那州的蜥蜴"）

拉丁文学名发音：a-riz-oh-na-sawr-us

种群：劳氏鳄——一类陆生鳄类

栖息地：美国亚利桑那州

生活时期：中三叠世（2.4亿至2.37亿年前）

体长：3米

特征：背上有高高竖起的帆

食性：肉食

天敌：大型陆生鳄类

29

14

肖尼龙

在从陆地重返海洋生活的爬行动物中，最著名的应该就是鱼龙类了。鱼龙类完全适应了水中生活，无法重返陆地。有些早期的海生爬行动物，例如肖尼龙等，则像鲸一样身躯庞大。

肖尼龙是三叠纪最大的海生爬行动物。其中的一个种——苏柯肖尼龙体长约 21 米，化石发现于加拿大一个偏僻的河岸上。

化石表明，肖尼龙具有典型的鱼龙特征，它们长着流线型（光滑、子弹形的身体，利于动物在空气或水中活动）的身体，游泳技巧高超，可自由在水中穿梭。庞大的鳍实际是合并后的指。

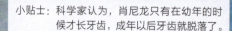

小贴士：科学家认为，肖尼龙只有在幼年的时候才长牙齿，成年以后牙齿就脱落了。

物种档案

名称：肖尼龙【意即"来自肖尼山脉（美国内华达州）的蜥蜴"】

拉丁文学名发音：shon-ee-sawr-us

种群：鱼龙类

栖息地：三叠纪时期覆盖部分美、加大陆的海洋

生活时间：晚三叠世（2.35 亿至 2.23 亿年前）

长度：15 米

特点：令人惊诧的庞大体形，是已知最大的鱼龙

食物：鱼和海生动物

主要天敌：无

31

真双型齿翼龙

到了晚三叠世，爬行动物完全掌握了飞行技能，当时有一些很像蜥蜴的爬行动物，它们可以长距离地滑翔。后来翼龙出现了，这是一种可以像鸟一样振翅飞行的爬行动物。真双型齿翼龙就是最早出现的翼龙之一。

当真双型齿翼龙在潟（xì）湖（与海、湖相连的浅水湖）水面低空盘旋时，它那尖尖的门牙是理想的捕鱼工具。嘴巴后面的小牙齿则可咬住光溜溜的鱼身，把鱼叼上岸来吃。

和其他翼龙一样，真双型齿翼龙的翅膀由延长的第四指支撑，同时也有一根僵直的尾巴用于掌舵。

物种档案

名称：真双型齿翼龙（意即"两种不同类型的牙齿"）

拉丁文学名发音：you-dee-morf-oh-don

种群：翼龙类——飞行爬行动物

栖息地：意大利

生活时期：晚三叠世（2.35 亿至 2.08 亿年前）

体长：0.6 米

翼展：1 米

特征：具有两种不同类型的牙齿

食物：鱼

天敌：大鱼和大型爬行动物

小贴士：人们发现了一堆沛温翼龙（属真双型齿翼龙近亲）的骨头化石，化石是从鱼肚子里掏出来的，故推测这只沛温翼龙是在2亿年前被鱼吞食的。

有角鳄

在恐龙出现之前，地球上最大的陆生动物是现代鳄鱼的亲戚，其中的一些种群，例如有角鳄（又名链鳄），实际是植食动物。它们以蕨类或其他低矮植物为食，这些植物都生长在沙漠的绿洲中。

有角鳄背披鳞甲，双肩和颈脖上长有向外弯曲的钉状物，这些都可作为御敌武器，保护自己不受陆地上那些肉食性爬行动物的侵害。

* 有角鳄吻部很短，牙齿钝而无力，它们需要把头部贴近地面，这样才可以吃到那些低矮植物。

物种档案

名称：有角鳄（意即"互相链接的鳄鱼"）
拉丁文学名发音：des-mat-oh-sue-kus
种群：恩吐龙类——一类植食性主龙类爬行动物
栖息地：美国亚利桑那州、得克萨斯州
生活时期：晚三叠世（2.33亿至2.23亿年前）
体长：4.8米
特征：双肩长有长刺来保护身体
食性：以吃低矮植物为生
天敌：陆生肉食性爬行动物

小贴士：有角鳄是恩吐龙类的一个早期代表。

17

始盗龙

在晚三叠世，大型的陆生动物主要是鳄类的亲戚或其他爬行动物。恐龙刚出现的时候身形并不高大。

始盗龙的体形只有狐狸那么大，可这个小家伙就是后来那些身形庞大的恐龙的祖先。

始盗龙虽然个头儿不大，行动却十分敏捷，而且凶猛异常。始盗龙靠捕食当时的小型爬行动物和昆虫为生。

* 从始盗龙的头骨图片我们可以看出：始盗龙长着长颌和锋利的牙齿，就像后来的那些肉食恐龙一样。始盗龙的身体构造和后来的肉食恐龙类似，强壮的后肢支撑着相对较小的躯体；前肢较短小，长着锋利的爪子；脖子长且易于弯曲；厚实的长尾巴有助于身体平衡。

物种档案

名称：始盗龙（意即"黎明的猎食者"）

拉丁文学名发音：ee-oh-rap-tor

种群：兽脚类

栖息地：南美洲巴塔哥尼亚地区

生活时间：晚三叠世（2.28 亿年前）

体长：1 米

特征：已知最早的恐龙

食性：以小型动物、昆虫为食

天敌：大型陆生鳄类

小贴士：和它的初龙祖先一样，始盗龙仍旧有五只指——虽然其中有两指非常小。而后来出现的肉食恐龙在前肢上都只有两指或三指。这种改变趋势有助于科学家追寻恐龙进化的规律。

腔骨龙

　　早期的肉食性恐龙体形都比较小，不过其中一些恐龙却利用相对发达的头脑弥补了这个缺陷。腔骨龙是早期的肉食性恐龙之一。有证据表明腔骨龙是群居捕食的，这种捕猎方式可以捕食到比自己大得多的动物。

　　除自己猎食外，腔骨龙很可能也是一种食腐动物，几乎什么都吃。科学工作者在腔骨龙的胃里发现了许多鱼类和爬行类动物的化石。

　　迄今发现的腔骨龙化石共有两种不同形态，其中一种较纤细，另一种较强壮。人们认为它们分别属于雄性和雌性。

物种档案

名称：腔骨龙（意即"中空的"）
拉丁文学名发音：see-low-fye-sis
种群：兽脚类
栖息地：美国亚利桑那州和新墨西哥州
生活时间：晚三叠世（2.25 亿至 2.2 亿年前）
体长：3 米，其中颈脖长度和尾巴长度占了大部分，
　　　身体只有狐狸那么大
特征：群居捕食
食性：捕食其他爬行动物
天敌：大型陆生鳄类

小贴士：1998 年，宇航员把腔骨龙头
骨化石带上了"奋进号"航天
飞机，这是第一只"飞上太空"
的恐龙！

19
理理恩龙

到晚三叠世，有些恐龙已经长得很庞大了。理理恩龙是最早的大型肉食恐龙之一，它的体形足以让它捕食那些早期长脖子的植食性恐龙。

1802年，人们在美国康涅狄格州的三叠世岩石上发现了一些足迹化石。一开始人们认为这些足迹是巨型鸟类留下的，不过，在经过仔细研究之后，终于弄清这是像理理恩龙一类的肉食恐龙的足迹。

小贴士：理理恩龙可能会捕杀那些陷入流沙中的巨型恐龙。

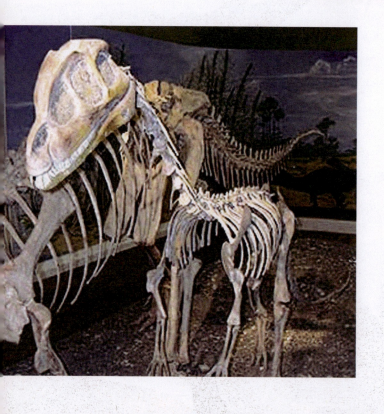

40

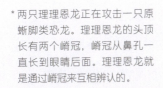

* 两只理理恩龙正在攻击一只原蜥脚类恐龙。理理恩龙的头顶长有两个嵴冠，嵴冠从鼻孔一直长到眼睛后面。理理恩龙就是通过嵴冠来互相辨认的。

物种档案

名称：理理恩龙（取名来源于发现该化石的古生物学家的名字）

拉丁文学名发音：lil-ee-en-ster-nus

种群：兽脚类

栖息地：德国和法国

生活时期：晚三叠世（2.25亿至2.13亿年前）

体长：6米

特征：长有两个头冠的大型肉食类恐龙

食性：捕食其他恐龙

天敌：无

黑水龙

恐龙很快就进化成了两个分支：肉食性和植食性。黑水龙是最早的植食性恐龙之一。和当时的其他恐龙一样，黑水龙比当时的很多动物都要小。不过，它的后代却要大多了——那就是诸如腕龙一类的身躯庞大、长脖子的蜥脚类恐龙。

黑水龙的牙齿边缘呈锯状，就像我们常用的菜刨一样。它以地面植物为食，很可能也用后肢站立，去啃食高树上的树叶。

2004 年，人们在巴西找到了残缺的黑水龙化石。根据化石，科学家推断黑水龙的后肢要比前肢长且粗壮得多，这表明黑水龙是用后肢站立的。

小贴士：黑水龙与北美、德国和中国发现的恐龙有亲缘关系，这表明当时同一种动物可分布至全世界。

物种档案

名称：黑水龙（意即"黑水蜥蜴"，名字来源于化石发掘地）

拉丁文学名发音：you-na-sawr-us

种群：原蜥脚类

栖息地：巴西

生活时间：晚三叠世（2.25 亿至 2.01 亿年前）

体长：2.4 米

特征：最早的长颈植食性恐龙之一

食物：树叶和蕨类植物

天敌：大型陆生鳄类和早期的恐龙

21

雷前龙

雷前龙是最早的蜥脚类恐龙，这是一种体形庞大、长脖子的植食性恐龙。蜥脚类恐龙是在晚三叠世从原始的原蜥脚类恐龙（生活在晚三叠世，是那些长脖子植食性恐龙的祖先）进化而来的。

雷前龙的样子就像是大一号的原蜥脚类恐龙。不过，根据它们骨头和四肢结构的差异，我们可以肯定，这是两类不同的动物。

晚三叠世的某些树种已经长出了坚硬的剑状叶子，这使得一些新出现的植食性恐龙，如雷前龙，不敢去碰它。

圆顶龙（如图）这种后出现的恐龙外形非常像雷前龙。圆顶龙内侧前趾上长有爪，可以抵御肉食动物的侵害。雷前龙可能也进化出了这种御敌武器。

小贴士：科学家当初挖掘出雷前龙化石的时候，把它当作是一种新的原蜥脚类恐龙。直到20年后，有一位研究人员认真研究了化石，才意识到这完全是另一种类型的恐龙。

物种档案

名称：雷前龙（意即"雷龙之前"，因为往后出现的蜥脚类恐龙也被称为"雷龙"）

拉丁文学名发音：ant-ee-tone-ite-rus

种群：蜥脚类

栖息地：南非

生活时期：晚三叠世（2.15 亿年前）

体长：8~10 米

特征：最早的蜥脚类恐龙之一

食物：树叶和嫩枝

天敌：肉食性恐龙和陆生鳄类

侏罗纪

侏罗纪时期，
地球上大部分地区为沙漠，
到了晚侏罗世，
各大洲才开始漂移分开。
在这一时期，
恐龙的进化达到了顶峰，
它们中有的甚至比多数鲸类还要大，
有些则像狐狸那么小。

22

双嵴龙

1942 年，在美国亚利桑那州的下侏罗纪地层中发现了一种体形较大的兽脚类恐龙（已灭绝的一个庞大的爬行动物种群，包括肉食类和植食类），因为其头顶上有一对薄薄的 V 字形骨嵴（jí），科学家因此把它命名为双嵴龙。

双嵴龙的身体较为粗壮，头骨高大，颌骨发达，嘴裂很大，满嘴的牙齿像锋利的小刀子一样，牙齿的前后边缘上还有小锯齿，这些特征显示它可以撕碎任何捕获到的猎物，然后将肉大块大块地吞进腹中。古生物学家推测，双嵴龙可能是早侏罗世生态系统中最残暴、最凶猛的食肉恐龙。

双嵴龙的嘴裂连接着前颌骨和上颌骨，这让它看起来很像鳄鱼。这种构造让早期的古生物学者认为双嵴龙是吃腐尸的，因为嘴裂使前面牙齿不足以杀死及叼起猎物。当然，这个假说现在已经没有什么市场了。

小贴士：双嵴龙曾出现在电影《侏罗纪公园》中，且被描述为会喷毒液的恐龙。当然，这仅仅是编剧的个人想象而已。

物种档案

名称：双嵴龙

拉丁文学名发音：die-lof-oh-sawr-us

种群：兽脚类

栖息地：美国亚利桑那州

生活时期：早侏罗世（2.01 亿至 1.89 亿年前）

体长：6 米，站立高约 2.4 米

特征：头顶上长有一对薄薄的 V 字形骨嵴

食性：肉食

天敌：无

23

异齿龙

异齿龙（不同于二叠纪时同名的爬行类动物）看上去像是凶猛的肉食动物，不过这只是它的外表罢了。实际上异齿龙是植食性恐龙，它可怕的外表是用来吓唬那些肉食动物的。如果这招失灵的话，它就会迅速转身逃走——因为它体形够小，身体够灵活。

异齿龙化石是至今保存最完好的恐龙化石之一，是人们于 1966 年在南非发现的。化石表明，这种恐龙的后肢很长，可快速奔跑，上肢较短，便于抓取植物。

* 仔细观察这种动物的头骨化石，我们就会看到它的嘴巴右边长着长獠牙。科学家推测，很可能只有雄性异齿龙才长有獠牙——在求偶季节里，异齿龙用獠牙和同伴竞争、争取交配权。与其他鸟脚类恐龙一样，异齿龙嘴巴前端也长有喙。

小贴士：异齿龙前肢长有五根趾，不过其中两根很小。

物种档案

名称：异齿龙

拉丁文学名发音：het-er-oh-don-toh-sawr-us

种群：鸟脚类

栖息地：南非

生活时期：早侏罗世（2 亿至 1.9 亿年前）

体长：1.2 米

特征：具有三种不同类型的牙齿，喙嘴前面是切牙，两端是獠牙，
后面为磨牙

食性：植食

天敌：肉食性恐龙和鳄鱼

51

24

小盾龙

小盾龙是最早的装甲恐龙之一，头颈、背和尾巴上都长有密密麻麻的骨质甲片，四肢修长。后来的装甲恐龙大都进化成体形庞大的动物，但早期的小盾龙只有小狗那么大。

小盾龙可以只用后肢奔跑，不过由于身披铠甲，跑起来很费劲，因此大部分时间它们还是用四肢着地行走。

和身体相比，小盾龙的脑袋比较小。作为一种植食性恐龙，小盾龙的颌部强健有力，可以轻松咀嚼粗硬的叶子。

物种档案

名称：小盾龙（意即"长有小甲片的蜥蜴"）

拉丁文学名发音：scoo-tel-oh-wawr-us

种群：覆盾甲龙类

栖息地：美国

生活时期：早侏罗世（2亿至1.9亿年前）

体长：1.2米，不过尾巴长度占了大部分

特征：身上有几种不同类型的甲片，身体两边的为椭圆形，从
      背部至尾巴则一直长着竖直板椎状突起

食物：低矮植物

天敌：大型肉食性恐龙

小贴士：甲片是小盾龙主要的御敌武器，肉食恐龙要想咬破
这层保护可不容易。如果实在招架不住，小盾龙还
可以撒腿就跑。

25

鱼龙

中生代海洋里生活着大量的水生爬行动物，其中最常见的要数鱼龙类。鱼龙刚开始出现时，是一种大个头儿、外形像鲸的动物，到了侏罗纪时期，该种群体形变小了，长得也更像海豚一些。

科学工作者猜测，鱼龙是直接产仔的，因此和其他爬行动物不同，它们不需要到岸上来下蛋。在已经找到的鱼龙化石中，有些个体中含有鱼龙幼体，由此证实了先前的猜测。

鱼龙是侏罗纪海洋中行动最敏捷的猎食者，和现生海豚一样，它们可以捕食当时速度最快的鱼类和一些像乌贼一样的动物。

小贴士：一般情况下，我们无法得知动物软体组织的情况。不过，有些鱼龙化石却保存有鳍的印痕。

物种档案

名称：鱼龙（意即"水生蜥蜴"）

拉丁文学名发音：ik-thee-oh-wawr-us

种群：鱼龙类

栖息地：全世界

生活时期：早侏罗世（2亿至1.76亿年前）

体长：2.1米

特征：具有流线型身体，是最像鱼类的爬行动物

食物：鱼和头足类动物

天敌：上龙

26

隐锁龙

蛇颈龙类是侏罗纪最重要的海生爬行动物之一。该种群共有两种：长脖子类型和短脖子类型。隐锁龙是长脖子蛇颈龙的一种。

早期的一位古生物学家曾这样描述长脖子的蛇颈龙：它们就像是长着蛇一样蜿蜒脖子的海龟。蛇颈龙那长长的脖子、宽宽的身体和鳍肢会给任何一个看到它的人留下深刻的印象。

隐锁龙靠挥动它的鳍状前肢在水中快速游动，后肢则起平衡作用。长长的脖子有利于它觅食。

小贴士：海生动物要比陆地动物更容易形成化石，因此前者的化石要比后者多得多。科学家研究蛇颈龙化石的时间要比他们发现恐龙化石早得多。

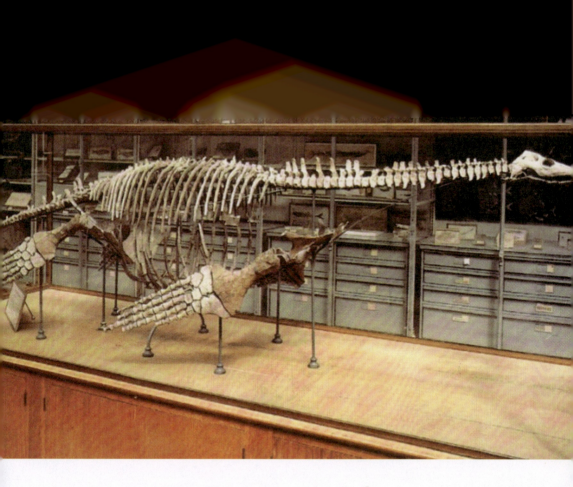

物种档案

名称：隐锁龙（意即"隐藏的锁骨"）

拉丁文学名发音：crip-tow-cly-dus

种群：长颈蛇颈龙类

栖息地：欧洲

生活时期：晚侏罗世（1.61亿至1.45亿年前）

体长：8米

特征：长而尖的牙齿，适于捕食滑溜溜的猎物

食物：鱼和乌贼

天敌：滑齿龙一类的短脖子蛇颈龙

27

滑齿龙

侏罗纪海洋中最大的爬行动物是那些短脖子的蛇颈龙类，同时它们也可能是当时最大的肉食动物。它们长着长长的嘴巴，就像鳄鱼一样。其中最大的一种叫滑齿龙。

滑齿龙尽管身躯庞大，但流线型的身体意味着这种动物的游泳速度可与当时的任何一种爬行动物相媲美。滑齿龙脑袋巨大，可以吞下一整个人。

物种档案

名称：滑齿龙（意即"滑边齿"）

拉丁文学名发音：lie-oh-ploor-oh-don

种群：短颈蛇颈龙类

栖息地：北欧

生活时期：晚侏罗世（1.61亿至1.45亿年前）

体长：15米

特征：当时最大的海生爬行动物

食性：捕食其他海生爬行动物

天敌：无

*图为滑齿龙的牙齿，约有20厘米长。在一些鱼龙和长脖子蛇颈龙化石上，科学工作者发现了滑齿龙的牙印，这表明滑齿龙是一种凶猛的动物。

小贴士：短脖子的蛇颈龙类体形大小不一，小的像企鹅那么大，大的则有一头抹香鲸那么大。滑齿龙是其中最大的一种。

28

翼手龙

晚侏罗世的天空中活跃着许多飞行动物，其中包括昆虫和原始鸟类。不过，最著名的还是翼龙类。翼龙类分两种不同类型：一种长尾巴，一种短尾巴。翼手龙属短尾巴的翼龙类。

翼手龙有好几种，每种都有自己特定的食物。体形较小的可能以昆虫为食，个头儿较大的则吃鱼和小蜥蜴。

* 人们发现了许多保存完好的翼龙化石。图中我们可以清楚看到翼龙的脊柱（动物的脊椎骨）和脖子。有些化石上甚至还保留有翼膜（薄薄的皮肤与骨头连接形成翅膀）的痕迹。

小贴士：当发现第一块翼龙化石的时候，科学家还以为这是一种水生动物，因为科学家误把翼龙的翅膀当成了鳍。

物种档案

名称：翼手龙（意即"翼指"）

拉丁文学名发音：ter-oh-dak-til-us

种群：翼手龙类——一种短尾巴的翼龙

栖息地：北欧和非洲

生活时期：晚侏罗世（1.61 亿至 1.45 亿年前）

翼展：1 米

特征：宽宽的翅膀，尾巴很短，脖子很长

食物：鱼和小型爬行类动物

天敌：更大的翼龙

29

弯龙

弯龙是一种两足行走的植食性恐龙，它们主要靠后肢行走，可以够到树上的杈枝，吃到上面的叶子。不过，有些体形更大的弯龙不能长时间用后肢站立，而必须四足着地行走。

弯龙生活在靠近河流的茂密森林中，它们很可能群居，就像今天的许多植食性动物一样。这样的生活方式也有利于御敌。

弯龙及其亲戚长有和我们人类相似的脸颊，这表明这些动物在吞咽食物前可以先在嘴里把食物磨碎，这样有助于消化食物。而那些长脖子的植食性恐龙是不经咀嚼就直接把食物吞到肚子里的。

小贴士：自从 19 世纪 80 年代以来，人们找到了许多保存完好的弯龙化石。

物种档案

名称：弯龙（意即"弯曲的蜥蜴"）

拉丁文学名发音：camp-toh-sawr-us

种群：鸟脚类

栖息地：美国西部

生活时期：晚侏罗世（1.61 亿至 1.45 亿年前）

体长：7 米

特征：小脑袋上长着结实的喙，嘴巴后面长着许多小磨牙

食物：低矮植物

天敌：异特龙等大型肉食性恐龙

30

五彩冠龙

最著名的肉食性恐龙应该算是暴龙（一种大型肉食性恐龙）了。五彩冠龙是暴龙最早的亲戚之一。和它的亲戚暴龙相比，五彩冠龙体形较小，捕食的动物也比较小，不过它在当时仍然是一种极为凶猛的动物！

大部分活跃的动物都是温血动物，例如，哺乳动物和鸟类等，毛发和羽毛可以帮助它们保持体温恒定。科学家认为，小型肉食性恐龙行动敏捷，也应该是温血的，因此很可能也长有毛发。

五彩冠龙头顶上长有嵴冠，嵴冠是用来互相辨认的。除此之外，五彩冠龙头骨和暴龙的几乎一模一样。

物种档案

名称：五彩冠龙（意即"头上长冠的龙"）

拉丁文学名发音：gwan-long

种群：兽脚类

栖息地：中国

生活时期：晚侏罗世（1.6 亿年前）

体长：3 米

特征：最早的暴龙类

食性：捕食其他恐龙

天敌：更大的肉食性恐龙

小贴士：科学家曾一直认为暴龙类只存在于白垩纪，五彩冠龙的发现否定了这一假设。

剑龙

剑龙是最早被确认的装甲恐龙之一。剑龙背上长有两排骨板（某些恐龙背上竖立的扁平骨），骨板可以起到双重作用：既可作为御敌武器，又可以给身体保温。不过我们还不知道哪种作用更重要些。

剑龙主要靠四肢行走，不过，结实的腰部和后肢表明它有时候也用两腿站立，去啃食高处的树叶。

物种档案

名称：剑龙（意即"屋顶蜥蜴"）

拉丁文学名发音：steg-oh-sawr-us

种群：覆盾甲龙类

栖息地：美国中西部

生活时期：晚侏罗世（1.56 亿至 1.45 亿年前）

体长：9 米

特征：尾巴上有两对尖刺，用于御敌

食性：植食

天敌：异特龙等大型肉食性恐龙

* 剑龙可以靠骨板保温。当气温下降时，剑龙就把骨板对着太阳，以吸收阳光的热量，暖和身子。如果太热，剑龙就把骨板对着风，让凉风帮助身体降温。

小贴士：剑龙的脑容量很小，因此过去人们总猜测在它的腰部还长有一个小脑，用来指挥后腿和尾巴的运动。

67

＊你能想象出腕龙有多大吗？看看照片或许会更容易想象：腕龙身高 12 米，约有 4 层楼那么高！

32 腕龙

腕龙是最大的恐龙之一，属长脖子的植食性蜥脚类恐龙。在晚侏罗世，有许多种不同类型的蜥脚类恐龙，有些以吃地面植物为生，而另外一些由于身形高大，则主要吃高树上的叶子和针叶林，腕龙就是其中的一种。

腕龙是史上最大的陆生动物之一。不过，它的骨头可能没有你想象的那么结实，腕龙的骨头是中空的，这让它们庞大的身体不会过于沉重。

物种档案

名称：腕龙（意即"腕蜥蜴"）

拉丁文学名发音：brack-ee-oh-sawr-us

种群：蜥脚类

栖息地：东非和美国中西部

生活时期：晚侏罗世（1.56 亿至 1.45 亿年前）

体长：24 米

特征：长脖子，小脑袋，尾巴只有 7.5 米，相对整个身体来说较短

食物：树叶

天敌：异特龙等大型肉食性恐龙

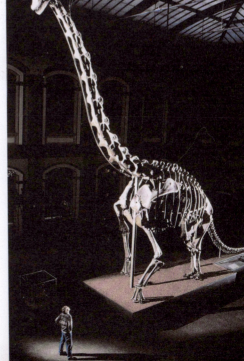

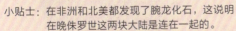

小贴士：在非洲和北美都发现了腕龙化石，这说明在晚侏罗世这两块大陆是连在一起的。

33

异特龙

异特龙是晚侏罗世最常见的肉食性恐龙。这家伙身形庞大，可以捕食任何大型植食性恐龙。不过，和今天的狮子、老虎一样，异特龙主要还是捕食那些老弱病残的动物。

几十年以前，在美国犹他州的一个采石场（人们开采用于建筑的石头的地方）里，人们找到了40多具异特龙的骨骸化石，我们在博物馆看到的标本绝大多数就来自那里。

异特龙前肢的三根指上都长有大爪子，这样可以更容易抓住猎物，然后再用利刃一样锋利的牙齿咬死猎物。异特龙饱餐一顿后，往往还剩下许多残羹给那些腐食性恐龙和翼龙享用。

物种档案

名称：异特龙（意即"不一样的蜥蜴"）

拉丁文学名发音：al-oh-sawe-us

种群：兽脚类

栖息地：美国西部

生活时期：晚侏罗世（1.56亿至1.45亿年前）

体长：11.5米

特征：当时陆地上最大的肉食动物

食性：捕食如剑龙、腕龙一类的大型植食性恐龙

天敌：无

小贴士：异特龙重约5吨，相当于一头大象的重量。也有一些种类的异特龙体重较小，不过也有1吨重。

34

马门溪龙

　　马门溪龙是中国目前发现的最大的蜥脚类恐龙之一，因其化石发现于四川宜宾马鸣溪（误读为马门溪）而得名。它的脊椎中有许多空腔，因而相对于它庞大的身躯而言，12吨的体重并不夸张。马门溪龙从尾稍到吻尖的总长度为25米，体躯高将近4米。它的脖子特别长，约有14米，相当于体长的一半还多，是目前为止曾经生活在地球上的脖子最长的动物。

小贴士：马门溪龙等蜥脚类恐龙的脊椎中有许多空腔，这可以起到减重的作用。

马门溪龙的颈椎不仅长，而且颈椎骨的数量多达 19 枚，是蜥脚类中最多的一种。另外，它的颈肋也是所有恐龙中最长的（最长的颈肋可达 2.1 米）。与颈椎相比，背椎、荐椎及尾椎相对较少。

马门溪龙在蜥脚类演化史上属中间过渡类型，为蜥脚类恐龙繁盛时期的早期物种，在晚侏罗世就全部绝灭了。

物种档案

名称：马门溪龙（意即"来自马鸣溪的蜥蜴"）

拉丁文学名发音：mah-men-chee-sawr-us

种群：蜥脚类

栖息地：中国、蒙古国、日本

生活时期：晚侏罗世（1.5 亿至 1.45 亿年前）

体长：21~25 米

特征：很长的脖子

食性：植食

天敌：永川龙

第四章

白垩纪

白垩纪以来，
地球表面的大陆彼此被分隔开，
缓慢移动至今天我们所熟悉的位置。
白垩纪期间，
恐龙开始进化出很多种类，
其中包括著名的肉食性恐龙暴龙；
一些长羽毛的动物也开始进化。

35

禽龙

禽龙是人们最早被发现的恐龙之一。经过对化石的研究，科学家认为禽龙长得像一种大蜥蜴。大部分大蜥蜴都是肉食动物，但这块化石上的牙齿却表明这种蜥蜴是植食性的。鬣（liè）蜥也是一种植食性蜥蜴，它的牙齿和禽龙的相似。因此，人们就把这种植食恐龙命名为禽龙，意即"鬣蜥齿"。

科学家曾以为禽龙是直立行走的，休息的时候就靠坐在尾巴上，像袋鼠一样。后来经过研究科学家证实了这种动物是用四肢行走的，只有在吃植物的时候才站立起来。

禽龙当时主要集中生活在北欧，但它们的近亲遍布全球。其中穆塔布拉龙生活在澳大利亚，大鼻子的高吻龙（下图）则聚居在蒙古国。

物种档案

名称：禽龙（意即"鬣蜥齿"）
拉丁文学名发音：ig-wan-oh-don
种群：鸟脚类
栖息地：北欧
生活时期：早白垩世（1.35 亿至 1.25 亿年前）
体长：9 米
特征：拇指长有角质钉状物，可用作自卫的武器或者摄食的工具
食性：植食
天敌：大型肉食性恐龙，如新猎龙等

小贴士：禽龙第五指小且可弯曲，功用如同拇指。

36

小盗龙

小盗龙发现于中国辽宁，是一种小型驰龙类恐龙，它生活在距今大约 1.3 亿年前的早白垩世，目前已发现近 10 块标本。它身长不到 1 米，前肢与后肢都长出了羽毛，尾巴末端还有钻石状的羽扇，可在飞行中增加稳定性。这些特征都使得它可以从一棵树滑翔到另外一棵树——这有点儿类似于今天鼯鼠的"飞行"方式。此外，有些小盗龙头部拥有高起的羽毛冠饰，跟现在的北美黑啄木鸟很相似。

早在 1915 年，有些科学家就已经提出鸟类的演化过程中，曾经有过四翼飞行阶段。小盗龙的发现恰好证实了这个猜想。而且关于鸟类飞行起源一直有树栖说和地栖说之争，很难想象一只拥有 4 个翅膀的小盗龙如何在奔跑的同时拍动 4 个翅膀，所以小盗龙的发现相当有力地反击了地栖说，这种恐龙也是鸟类起源的重要证据之一。小盗龙至少是鸟类的一种祖先类型，它用 4 个翅膀滑翔，后来后面的两个翅膀逐渐退化，并学会了拍动前肢，于是变成后来的鸟类。

小贴士：小盗龙翅膀上的羽毛是非对称性的，其结构与现代鸟类的飞羽一模一样。

物种档案

名称：小盗龙（意即"小型盗贼"）

拉丁文学名发音：my-cro-rap-tor

种群：兽脚类

栖息地：中国辽宁

生活时期：早白垩世（1.3亿年前）

体长：0.77米

特征：会飞的恐龙

食性：肉食

天敌：更大型的兽脚类恐龙

37

中华龙鸟

中华龙鸟是世界上第一种长有绒状细毛（皮肤衍生物）的恐龙。这种恐龙拥有一个大脑袋，形体大小与鸡相近，前肢短小，后肢长而粗壮；嘴里长有锐利的牙齿，是一种活跃的掠食者。除了长有绒状细毛，它还有一条由多达 58 枚尾椎骨所组成的特长尾巴。

中华龙鸟是鸟？是恐龙？这个问题从中华龙鸟被发现起便纷争迭起。最终，古生物学家一致认为中华龙鸟属于恐龙，其"毛"状结构是一种皮肤衍生物，并不具备羽毛的构造。1998 年，中国学者经详细研究，认为中华龙鸟属于美颌龙类。

中华龙鸟化石的发现是近 100 多年来恐龙化石研究史上最重要的发现之一，不仅对研究鸟类起源有着重要的意义，而且对研究恐龙的生理、生态和进化都有着不可估量的重要意义。

小贴士：中华龙鸟的皮肤衍生物很有可能是最原始的羽毛形态，它没有飞翔功能，主要是保护皮肤和维持体温。

物种档案

名称：中华龙鸟（意即"来自中国像鸟的恐龙"）

拉丁文学名发音：sien-o-sawr-op-ter-iks

种群：兽脚类

栖息地：中国辽宁

生活时期：早白垩世（1.2 亿年前）

体长：1.3 米

特征：体表覆盖着毛状皮肤衍生物

食性：肉食

天敌：无

38

似鳄龙

这种样子可怕的动物属于棘龙类，是恐龙的一种。它们以食鱼为生，生活在早白垩世。捕食时，似鳄龙先用爪子把鱼从水里钩出来丢到岸上，然后再用它的长嘴巴迅速咬住猎物。

似鳄龙是一种非常厉害的恐龙，它的头像鳄鱼一样，吻部很长，嘴里长着许多锋利的牙齿，可以轻松咬住滑溜溜的鱼身。

似鳄龙虽然是一种凶猛的猎食者，但它也被其他更大的动物捕食。右图中一头巨鳄正冲出水面袭击似鳄龙。

物种档案

名称：似鳄龙（意即"鳄鱼的模仿者"）

拉丁文学名发音：soo-cho-my-mas

种群：兽脚类

栖息地：非洲北部

生活时期：早白垩世（1.1 亿至 1 亿年前）

体长：11 米

特征：像鳄鱼一样狭长的吻部

食物：鱼

天敌：帝鳄等巨鳄

小贴士：棘龙类种群很多，在英格兰、泰国和巴西都发现了彼此亲缘关系很近的化石。

恐爪龙

这种动物到底是鸟还是恐龙？在白垩纪，有一些行为更活跃的肉食性似鸟恐龙出现了，人们很难判断它们是鸟还是恐龙。恐爪龙就是其中的一种。

恐爪龙不会飞，它的前臂不足以支撑起一双翅膀。这种动物的头很大，嘴里长满牙齿，僵直的尾巴可以在奔跑的时候起到平衡作用。这些特征都表

明，恐爪龙更像恐龙而不像鸟。

恐爪龙的骨骼中空且轻，就像鸟类的一样。恐爪龙肌肉很结实，可以奔跑和起跳。很明显，这是一种非常活跃的动物，因此科学家推测恐爪龙应该是温血动物。恐爪龙很有可能长有羽毛，以保持体温恒定。

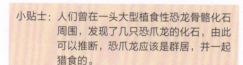

小贴士：人们曾在一头大型植食性恐龙骨骼化石周围，发现了几只恐爪龙的化石，由此可以推断，恐爪龙应该是群居，并一起猎食的。

物种档案

名称：恐爪龙（意即"可怕的爪子"）

拉丁文学名发音：dye-non-ik-us

种群：兽脚类

栖息地：美国西部

生活时期：早白垩世（1.1亿至1亿年前）

体长：3米（包括尾巴在内）

特征：后肢上大而锋利的爪子有12厘米长，可轻易割开猎物的皮肉

食性：捕食其他恐龙

天敌：无

40

夜翼龙

夜翼龙因其头顶异常长的大型嵴冠而闻名，它的名字会让人们以为这种翼龙是在夜间出没，其实夜翼龙与夜晚毫无特殊关系。马什在为其命名时，由其化石的外形联想到蝙蝠的外形，而蝙蝠一般都是在黄昏、夜晚出没的，所以将它命名为夜翼龙。

早期的夜翼龙化石并未透漏出信息表明夜翼龙有复杂的冠饰，大多数人以为夜翼龙只有一个小小的嵴冠，直至 KJ 标本被发现。KJ 标本都有个极长的骨质嵴冠，高达 70 ~ 90 厘米。嵴冠的长度与它的翅膀差不多长。正面看过去，活像奔驰汽车的三叉星徽标。拥有叉形大型嵴冠的 KJ 很可能支撑起一张由软组织组成的巨大的帆。古生物学者邢立达等人认为，当夜翼龙 KJ 在海风肆虐的大海上空飞翔，顺风时，它可以如虎添翼，利用庞大的头帆产生巨大的推力，这个推力几乎超过其体重的 90％！逆风时，它只要调整头帆角度，亦能获得分力前进。

物种档案

名称：夜翼龙

拉丁文学名发音：nick-toe-sore-us

种群：翼手龙类

栖息地：美国

生活时期：晚白垩世（8800 万至 6800 万年前）

翼展：2.4~2.9 米

特征：三叉星嵴冠

食性：肉食

天敌：无

小贴士：夜翼龙 KJ 如此巨大的帆状嵴冠，不仅在夜翼龙类中无出其右者，而且在翼龙中也极为罕见。

41

海王龙

小贴士：刚发现海王龙化石的时候，人们把这种动物命名为鼻龙，不过因为鼻龙是一种现代蜥蜴的名字，因此人们又把它改称为海王龙。

海王龙是沧龙中最大、最凶猛的一种，是一种进化出水中生活能力的肉食性动物。到了晚白垩世，曾经在侏罗纪时期活跃的主要海生捕食动物——鱼龙灭绝了，沧龙填补了这个空缺，它们的生活习性和鱼龙几乎一模一样。

海王龙的鼻子很长，它可能会在捕食时用它的鼻子来击晕猎物。

海王龙的趾互相粘连，形成桨状。它的尾巴扁平，在水中游动的时候，它会靠这条尾巴左右摆动来推动前进。

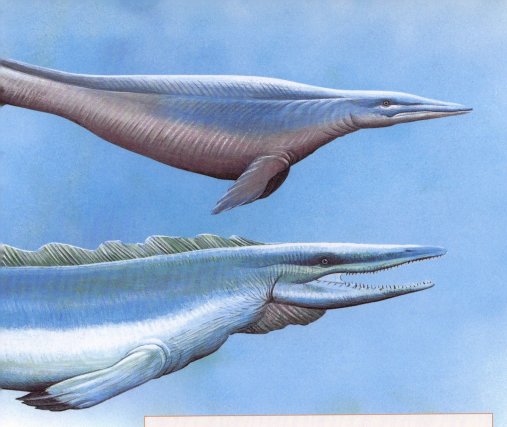

物种档案

名称：海王龙

拉丁文学名发音：tie-low-sawr-us

种群：沧龙类

栖息地：美国堪萨斯州

生活时期：晚白垩世（8500万年前）

体长：9米

特征：修长的体形，鳍状的四肢，锋利的牙齿，鼻子上有槌尖

食物：鱼、菊石和其他海生爬行动物

天敌：无

42

霸王龙

自从霸王龙的化石被发现后，它就一直被认为是所有恐龙中最凶猛残暴的一种。霸王龙体重超过6吨，一旦它对其他动物发动袭击，那将势不可挡。

霸王龙是可怕的猎食者，人们在它的化石旁发现了大量鸭嘴龙——当时最大的植食性恐龙的残骸，确切地说，残骸是在霸王龙的粪便里找到的。

霸王龙用后肢行走，身体与地面呈水平状，血盆大口和锋利的牙齿向前伸出，身体靠大尾巴平衡。霸王龙就是这样四处活动的，并在恐龙时代的最后时期成为所有动物可怕的梦魇。

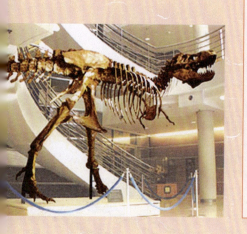

物种档案

名称：霸王龙（意即"残暴的蜥蜴"）

拉丁文学名发音：tie-ran-oh-sawr-us

种群：兽脚类

栖息地：加拿大和美国西部

生活时期：晚白垩世（8500万至6600万年前）

体长：12米

特征：前肢短小，头颅很大，向前突出的眼睛有助于锁定猎物

食性：捕食其他恐龙，尤其是鸭嘴龙类

天敌：无

小贴士：霸王龙很可能同时为肉食
和腐食性动物。

43

副栉龙

　　副栉（zhì）龙是大型的植食性恐龙，属于鸭嘴龙类（一类恐龙，嘴巴上长有像鸭子一样的喙），它们生存于晚白垩世的北美洲。从目前发现的唯一前肢显示，副栉龙的前肢短于其他鸭嘴龙类，而且拥有短而宽的肩胛骨。

　　这种恐龙最著名的特征是从头部后方延伸出去的嵴冠。这个由前上颌骨与鼻骨构成的嵴冠是中空的，内部有从鼻孔到冠饰尾端，再绕回头后方，直至头颅内部的管。空气从鼻孔吸入，经过这些通道才能到达肺部。于是，这个通道成为副栉龙的发声

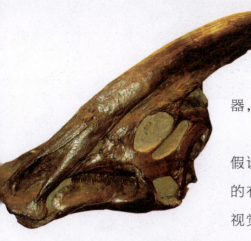

器，就像圆号中弯曲的管子。

关于副栉龙嵴冠的功能一直有许多假设，但大多不足采信。目前比较可信的有以下几种功能：辨别物种与性别的视觉展示物、沟通用的扬声器以及调节体温。有趣的是，副栉龙的身体上有典型的凹陷处，刚好可以把长长的头冠的顶端搁在上面，就像随身带着挂物架一样。

小贴士：在高科技软件下还原副栉龙的叫声，你会发现它的叫声接近管乐器，很像阿尔卑斯山长角号的声音。

物种档案

名称：副栉龙（意即"几乎有冠饰的蜥蜴"）

拉丁文学名发音：pah-ruhsaw-uh-lofe-us

种群：鸟脚类

栖息地：加拿大、美国

生活时期：晚白垩世（8000 万年至 6600 万年前）

体长：9~10 米

特征：大型而弯曲的嵴冠

食性：植食

天敌：霸王龙

小贴士：各节尾椎融合在一起，因此尾巴末端的骨锤能够摆动。

多智龙

甲龙类是远古动物中最大型的覆甲类动物，它们背上披着结构结实的铠甲，这使得它们像坦克一样安全。另外，甲龙类身体两侧还长有一些钉状物，有些则在尾巴上长有骨锤。多智龙是一种尾巴长有骨锤的甲龙类。

多智龙意为"聪明的恐龙"，它的脑容量比其他的甲龙类恐龙都要大。尽管如此，多智龙仍不能称得上是一种智慧生物。

* 多智龙尾巴的骨锤由固定的骨头组成，尾巴基部有大块的肌肉，因此它可以大力甩出骨锤。任何肉食动物想要攻击多智龙都得冒很大的风险，它们的腿很可能会被骨锤击中打断。

物种档案

名称：多智龙（意即"聪明的恐龙"）

拉丁文学名发音：tar-kee-a

种群：覆盾甲龙类

栖息地：亚洲

生活时期：晚白垩世（7800万至6900万年前）

体长：6米

特征：背上披甲，尾巴末有骨锤

食性：以吃低矮植物为生

天敌：霸王龙等大型肉食性恐龙

三角龙

三角龙是特征最明显的恐龙之一，它长着和犀牛相似的身躯，庞大的脑袋上三只角向前伸。在恐龙的辉煌时代即将落幕时，三角龙开始群居生活在北美草原上。

三角龙嘴巴前端长有很大的喙，可以剪掉灌木丛中的嫩枝。嘴巴后面长有磨牙，颊囊用于咀嚼时盛装食物。

三角龙属角龙类（一类有头饰的恐龙，用头上的钉状物和角作为武器），是众多角龙类中的一种。除了角的数目和形状不同外，角龙类各个种群颇为

相似。有些角龙只有一只长在鼻子上的角，有些角龙眼睛上面长有一对角，还有些角龙的角长在脖子周围的甲壳上。

物种档案

名称：三角龙（意即"长着三只角的脸"）

拉丁文学名发音：try-sair-oh-tops

种群：头饰龙类中的角龙类

栖息地：北美洲

生活时期：晚白垩世（7200万至6600万年前）

体长：7.5米

特征：脖子周围长有坚硬的甲壳

食物：坚硬的植物

天敌：霸王龙等大型肉食性恐龙

小贴士：三角龙是最后的恐龙之一，它们生活在恐龙即将灭绝的6500万年前。

46

薄片龙

蛇颈龙类是一种水生爬行动物，大部分脖子都很长，其中薄片龙的颈脖长约 7.5 米——占体长的一半以上。这种动物在晚白垩世温暖的浅海中游弋捕食，当时这片海洋覆盖着整个北美洲，海里生活着大量的鱼类。

科学家研究发现，薄片龙的颈椎连接方式表明它在靠近水面的地方生活，靠潜水捕食。长脖子让它可以不快速游动或者不用游太远就能捉到鱼吃。

薄片龙的鼻孔很小，不能用于呼吸，而是用来感知身旁有无猎物游过。它每次都要浮出水面，用嘴巴来进行呼吸。

物种档案

名称：薄片龙（意即"薄板蜥蜴"）

拉丁文学名发音：eh-laz-mo-sawr-us

种群：长颈蛇颈龙类

栖息地：美国堪萨斯州

生活时期：晚白垩世（6900万至6600万年前）

体长：13米

特征：由71节颈椎组成的长脖子（我们人类只有7节）

食物：鱼

天敌：海王龙一类大型水生爬行动物

小贴士：最早研究薄片龙的科学家把模型搞错了，把短尾巴误以为是动物的颈脖，而把长脖子当作了尾巴，结果复原时就把薄片龙的脑袋安装到了尾巴上。

99

47

冥河龙

到了晚白垩世，一类叫头饰龙类的恐龙分支进化出来了，其中的一个种群叫肿头龙类。该种群体形和大个头儿的山羊差不多，脑袋上有一个骨质的大肿块，这个肿块可能被它们当作槌来使用。其中模样最怪异的叫冥河龙。

一般来说，能够完整保存下来的恐龙头骨化石很少，因为骨头很易碎，动物死亡后骨头都裂成碎块了。不过头饰龙类情况不同，它们的头部骨头坚硬，即使在骨骼其他部分都散架的情况下，头骨仍可能保存完整从而形成化石。

物种档案

名称：冥河龙（意即"来自地狱河的长角魔鬼"）
拉丁文学名发音：stig-ih-moe-lock
种群：头饰龙类中的肿头龙类
栖息地：加拿大及美国中西部
生活时期：晚白垩世（6800万至6600万年前）
体长：2.7米
特征：僵直的尾巴起平衡身体的作用
食性：植食
天敌：霸王龙等大型肉食性恐龙

小贴士：肿头龙类用它们的大脑袋作为武器互相打斗。

风神翼龙

到晚白垩世，飞行爬行动物——翼龙类开始真正繁盛起来。风神翼龙是其中最大的一种，其翼展（飞行类动物翅膀的宽度，从翅膀头的两端算起）几乎有一架小飞机那么宽。尽管体形庞大，风神翼龙却不比一个成年人重多少。

大多数翼龙都在靠近海岸的地方生活，在那里它们可以捕食到鱼类。不过风神翼龙却不同，这是一种生活在远离海岸的内陆翼龙。风神翼龙或许是食腐动物，以平原上那些死掉的恐龙尸体为食。它在高空翱翔，和秃鹫一样，可以远远认出动物腐败的尸体。

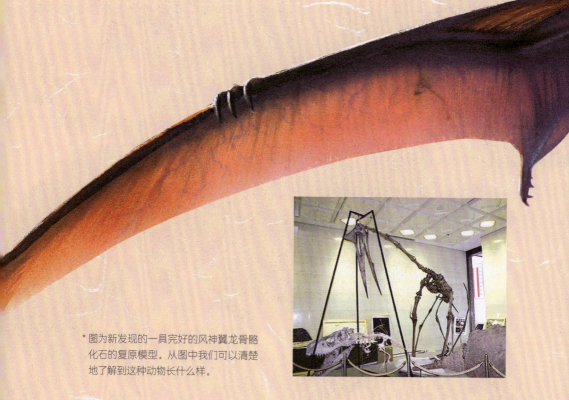

* 图为新发现的一具完好的风神翼龙骨骼化石的复原模型。从图中我们可以清楚地了解到这种动物长什么样。

102

小贴士：风神翼龙是史上最大的飞行动物之一。翼展可达 10.6 米。

物种档案

名称：风神翼龙（名字来源于墨西哥古代的奎兹尔科亚特尔神，它有蛇形的身体，身上长有翅膀）

拉丁文学名发音：ket-sal-koh-aht-lus

种群：翼手龙类

栖息地：美国得克萨斯州

生活时期：晚白垩世（6600 万年前）

翼展：10.6 米

特征：翼展很宽，脖子长，嘴巴也很长

食性：很可能为食腐动物

天敌：无

第五章

古哺乳类

第三纪末期，
随着大陆漂移，
地球上的景观发生改变，
并进化出了新的动物物种。
在第三纪时期，
地球上形成了辽阔的草原，
哺乳动物演化出了长长的四肢以适应新的环境。

49

巨角犀

在第三纪早期，地球上生活着许多外形和犀牛相似的哺乳动物，其中的一个群体叫雷兽类。这个种群的成员小的只有兔子那么大；大的，如巨角犀，其体形比大象还要大。

尽管头颅庞大，但巨角犀的脑容量却很小——按比例来说它的脑容量比大多数恐龙的还要小。

其实，巨角犀和其他雷兽类头上的角并不是真正意义上的角，那只是角质的肿块，就像长颈鹿的角一样。

物种档案

名称：巨角犀（意即"长着大角的脸庞"）

拉丁文学名发音：meg-ah-sair-ops

种群：雷兽类

栖息地：北美西部

生活时期：第三纪早期（5800万至3000万年前）

体长：超过4米，肩高2.4米

特征：雄性长着形状像"Y"字形的巨大鼻饰

食性：以吃低矮植物为生

天敌：肉齿类等大型肉食性哺乳动物

小贴士：科学家认为，只有雄性巨角犀才有鼻饰，鼻饰的作用是用来吸引异性。这表明巨角犀是一种大数量群居的动物。

小贴士：尽管人们已经找到了很多该种动物头骨的碎片化石，但迄今为止，只发现了一副完整的大鬣兽头骨。

大鬣兽

在诸如狮子、熊等现代食肉动物出现之前，地球上就已经存在着一种被称之为"肉齿类"的掠食动物。大鬣兽是它们中个体最大的一种，头骨足有老虎的两倍大。大鬣兽很可能是迄今为止陆地上生存过的最大的肉食性哺乳动物。

大鬣兽的头骨可能长达 1.2 米，据此我们可推测其体形有一头野牛那么大——这家伙可真够大的！由此推断，凶猛强壮的大鬣兽甚至可以猎食大象！

* 图为其中一种肉齿类动物的头骨。并不是所有的肉齿类都有大鬣兽那么大，其中有些甚至只有黄鼠狼那么大。但所有的肉齿类都是凶猛的掠食动物，它们长着强有力的颌部、巨大的磨牙和能把肉撕下来的利齿。

物种档案

名称：大鬣兽（意即"最大的野兽"）

拉丁文学名发音：meh-jiss-toe-theer-ee-um

种群：肉齿类

栖息地：北非

生活时期：第三纪中期（5000 万至 2000 万年前）

体长：4.8 米

特征：迄今已知陆地上曾生活过的最大的肉食性哺乳动物

捕食对象：诸如象类等大型动物

天敌：无

龙王鲸

　　龙王鲸是最早的鲸类之一，和所有的鲸一样，也是哺乳动物。虽然哺乳动物是在陆地上进化的，但它们中的许多种类却在第三纪早期退回到了海里。此时，巨大的海洋类爬行动物已经灭绝了，海生哺乳动物得以进化从而取代了爬行动物原先的位置。

　　和今天的鲸一样，龙王鲸需要浮上水面进行呼吸。不过龙王鲸的鼻尖上有数个鼻孔，而不是像现代的鲸一样在头顶上长着呼吸孔（鲸头顶的孔，功能相当于动物的鼻孔。为了进行呼吸，鲸必须浮上水面，把废气从呼吸孔中呼出，然后再吸入新鲜空气。鲸在潜下水面的时候，会有个皮肤片状物封住呼吸孔的孔口）。

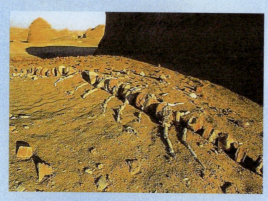

＊图中的化石为龙王鲸那长蛇状的脊骨。100多年前，曾经有人把从几副龙王鲸骨骼上取下来的骨头拼装起来，以冒充海蛇的骨骸。

小贴士：虽然龙王鲸是哺乳动物，但它的拉丁文学名原意"王蜥蜴"听起来却像是一种恐龙。这是因为最初发现龙王鲸化石的科学家以为，它们是一种巨型的爬行动物。

物种档案

名称：龙王鲸（意即"王蜥蜴"）

拉丁文学名发音：bass-il-oh-sawr-us

种群：古鲸类

栖息地：广阔的海洋

生活时期：第三纪早期（4500万至3500万年前）

体长：18米

特征：体形纤长而易于弯曲，适于捕鱼

食性：以鱼类和头足类动物为食

天敌：可能为鲨鱼

52

尤因它兽

尤因它兽由于身体笨重且头上长角，样子看起来有些像犀牛，但其实两者并没有亲缘关系。在第三纪早期生活着许多外形像犀牛的哺乳动物，这些哺乳动物很可能在诸如三角龙之类的角龙类灭绝之后，逐步进化从而取代了这些恐龙的位置。

尤因它兽重达2吨，靠跟大象腿一样粗的巨腿支撑身体。很可能只有雄性尤因它兽才长有长獠牙（长在动物嘴巴外面的长而尖的牙齿），獠牙可长达1米以上。尤因它兽就是利用獠牙来吓跑其他动物的。

尤因它兽样子看起来挺吓人的——头顶上长有6只角，上颌还长有一对锋利的獠牙——实际上它却是一种温和的植食性动物。

小贴士：19世纪70年代，美国的两位古生物学家——马什和科普为给这种动物命名进行了激烈的竞争。结果，在1872年，反倒是由另一位古生物学家莱迪将其命名为"尤因它兽"，并最终得到了大家的认可。

物种档案

名称：尤因它兽（意即"出自美国尤因它山脉的哺乳动物"）

拉丁文学名发音：you-in-ta-theer-ee-um

种群：恐角兽类

栖息地：美国犹他州

生活时期：第三纪早期（4000 万至 3500 万年前）

体长：4 米

特征：长有三对角和一对锋利的獠牙

食性：植食

天敌：无

53

半犬

半犬和现在的北美灰熊一样大，是第三纪中期最大的捕猎兽之一。借助于庞大的躯体和强壮的四肢，半犬能够猎食周围的大多数动物，并用像犬齿一样的锋利牙齿咬死猎物。

半犬的四肢较短，像熊（如右图）一样用平足行走，而无法快速奔跑，因此它很可能是用伏击而非追捕的方法来捕食猎物的。

半犬既不是熊也不是犬的一种，而是介于两者间的一种动物种类：犬熊类。犬熊类是第三纪中期主要的猎食者之一，其种群中体形小的和獾（huān）差不多大，大的则和最大的熊差不多。

物种档案

名称：半犬（意即"近似于犬的动物"）

拉丁文学名发音：am-fee-sy-on

种群：犬熊类

栖息地：欧洲和北美

生活时期：第三纪中期（3000万至1400万年前）

身高：1米

特征：骨骼像熊，但牙齿又像狗

食性：吃其他动物，尤以当时的小型马为主

天敌：无

小贴士：犬熊类在第三纪早期取代了肉齿类动物的位置，其后又被犬类动物（狼、狐狸和狗等）所取代。

54

焦兽

在第三纪的大部分时期里，南美洲和北美大陆都被海洋分隔开来。由于是一个孤立的大岛屿，所以南美大陆上进化出了不同于其他大陆种类的哺乳动物。有些看样子和其他大陆上生活的动物相似，但它们之间并没有亲缘关系。其中焦兽的模样就和大象十分相似。

据估计，雄性焦兽会利用它们的长獠牙和类似于象鼻的粗鼻子互相打斗，获胜的一方将获得与雌兽交配的权利。

小贴士：焦兽身上混合了多种动物的特征，因此很难确切知道它到底跟哪种动物的亲缘关系更密切。焦兽长有大象一样的獠牙和长鼻子，牙齿长得像河马的，耳骨又跟有蹄类的相像。

由于长着长獠牙和象鼻，因此焦兽看起来跟大象很像。而且两者的生活方式也可能相像：焦兽用它的长獠牙在地面掘坑，然后用短象鼻把食物拾起来。

物种档案

名称：焦兽（意即"火兽"，名字来源于这种动物的化石是在火山附近被发现的）

拉丁文学名发音：pi-ro-theer-ee-um

种群：焦兽类（属于南美有蹄类）

栖息地：玻利维亚和阿根廷

生活时期：第三纪中期（2900万至2300万年前）

体长：2.7米

特征：体形庞大，长有象鼻和长獠牙

食性：植食

天敌：大型肉食性动物，大型有袋类动物

55

嵌齿象

在第三纪的大部分时期，都有象类生存。刚开始，象的体形和现在的猪个头儿差不多大，但很快它们就进化成了一种长着长獠牙和象鼻的巨兽。不同种类的象演化出了形状各异的獠牙。嵌齿象就是一种长有 4 根獠牙的象类。

由于嵌齿象的下颌长着獠牙，因此它的下颌很长且呈铲状。嵌齿象用它的长獠牙在林地、河床和湖床上掘土寻找食物。

由于象鼻没有骨头，所以无法成为化石，因此我们还不能确定嵌齿象是否一定长有象鼻。不过，嵌齿象的短脖子表明它们的头部无法触及地面，而头骨的特征也和现代象的象鼻部分相似，据此，科学家推测嵌齿象很可能也长有象鼻。

物种档案

名称：嵌齿象（意即"螺栓连接的哺乳动物"）
拉丁文学名发音：gomp-foe-theer-ee-um
种群：长鼻类
栖息地：欧洲、肯尼亚、巴基斯坦、日本和北美洲
生活时期：第三纪晚期（2300万至300万年前）
体长：4米
特征：上下颌各长有一对獠牙的远古象类
食性：植食
天敌：无

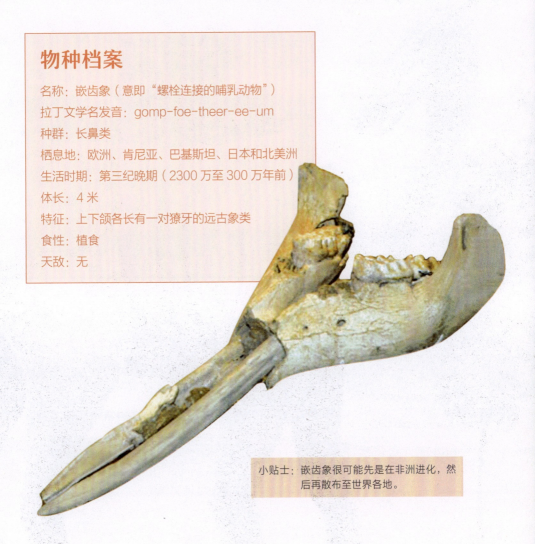

小贴士：嵌齿象很可能先是在非洲进化，然后再散布至世界各地。

56

巨犀

这种巨兽是犀牛的另一类远古亲戚。与现代犀牛不同，巨犀的鼻子上没有长角。像这样体形庞大的动物，也实在没必要再用角来做武器去抵御敌害了！巨犀是迄今为止陆地上生活过的最大的哺乳动物。

虽然巨犀的样子像犀牛，但它的生活方式却和长颈鹿差不多。巨犀的长腿有三根趾，高高撑起它的身体。巨犀拥有一个长脖子，再加上那超过 1 米长的脑袋，使得它可以轻松触到大树的顶端。

物种档案

名称：巨犀（意即"英卓克哺乳动物"，英卓克是当地传说中的一种怪兽）

拉丁文学名发音：in-drik-oh-theer-ee-um

种群：奇蹄类

栖息地：巴基斯坦

生活时期：第三纪中期（3000 万至 2000 万年前）

体长：8 米，肩高 4.5 米（大象长约 7 米，肩高为 3 米）

特征：迄今为止，已知陆地上生活过的最大的哺乳动物

食性：以树叶和嫩枝为食

天敌：无

* 从化石中我们可以看到，巨犀嘴巴的前端有两对牙。另外，在上颌部还有两颗指向下的獠牙状牙齿；下颌也有两颗指向前的獠牙。巨犀利用这些牙齿，把高树上的树叶和嫩枝扯下来磨碎后咽下肚子。

小贴士：巨犀的体重达 10 吨。

57

恐象

现代象的獠牙是长在上颌上的，而恐象的獠牙长在下颌上并向下弯曲。恐象就是用这些长獠牙来做"镐"，挖掘地面上的根茎植物和其他种类的植物。

恐象是迄今已知陆地上仅次于巨犀的第二大动物，它们在地球上存活了差不多 2000 万年——这可是很长的一段时间！

恐象头骨上的鼻孔融合为一个孔，这使得它看起来像是一个巨大的眼窝。早先在希腊群岛上发现过恐象的头骨，很多人受希腊神话的影响，甚至联想到了传说中的独眼巨人。

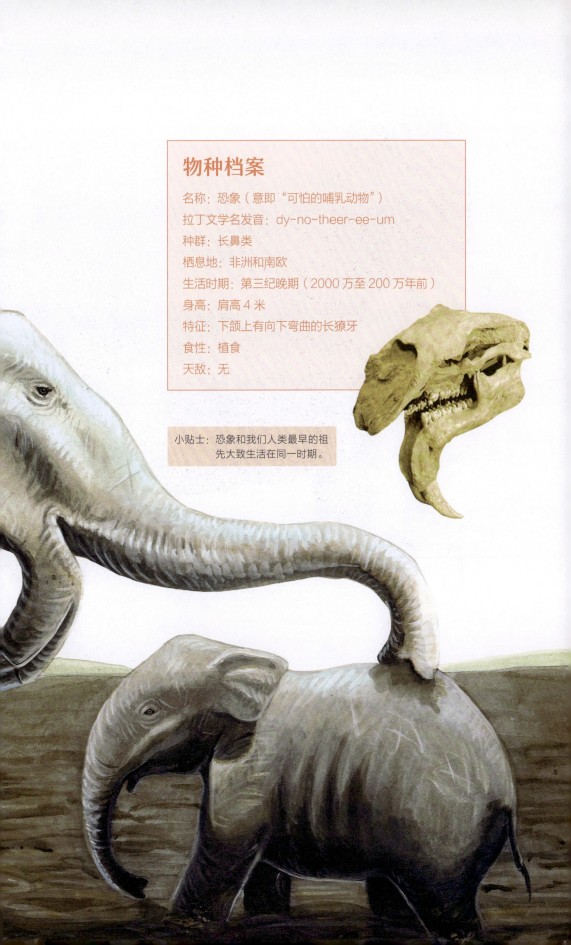

物种档案

名称：恐象（意即"可怕的哺乳动物"）

拉丁文学名发音：dy-no-theer-ee-um

种群：长鼻类

栖息地：非洲和南欧

生活时期：第三纪晚期（2000万至200万年前）

身高：肩高4米

特征：下颌上有向下弯曲的长獠牙

食性：植食

天敌：无

小贴士：恐象和我们人类最早的祖
先大致生活在同一时期。

* 由于索齿兽的脚是向内弯的，所以它在陆地上行走得很笨拙。不过在水下的时候，索齿兽却行动自如，能够像今天非洲的河马穿越河床那样走过海床。

小贴士：与索齿兽亲缘关系最近的现代动物是大象。

124

* 图为索齿兽牙齿的化石。科学家根据牙齿上的化合物推断，这种动物大部分时间是生活在海岸或河口的水里。

58

索齿兽

这是一种长着奇怪的弯曲四肢、样子像河马的动物，生活在第三纪中期的环太平洋沿岸地区。索齿兽很可能利用它的长獠牙及粗壮的牙齿，以在浅海海床寻觅甲壳类动物为食，也可能以吃海藻为生。索齿兽如此奇特，以至于科学家至今尚未弄清楚它到底是以什么为食的！

物种档案

名称：索齿兽（意即"链齿"，因后部的牙齿连接在一起而得名）

拉丁文学名发音：des-mo-sty-lus

种群：索齿兽类

栖息地：日本和加利福尼亚的海岸

生活时期：第三纪中、晚期（1900万至1400万年前）

体长：1.8米

特征：长着粗壮牙齿、行动迟钝的半水生哺乳动物

食性：以甲壳类或海藻为食

天敌：鲨鱼

第六章

冰河世纪

第四纪时，
地球一度处于冰河时期，
地表被大量冰河所覆盖。
在这一时期，
一些适应了恶劣天气的新动物物种演化出来了。
第四纪末期，
人类最早的祖先开始出现。

59

袋狮

澳大利亚的大部分哺乳动物都是有袋类，它们把幼崽装在育儿袋（有袋类动物身体前面的口袋）里。我们熟悉的有袋类动物有：在树上生活的树袋熊（考拉），以食草为生的袋鼠，穴居的袋熊，等等。而在第四纪，曾经有一种外形像狮子的有袋类动物——袋狮。

袋狮前肢强壮，拇指爪很大，这表明它擅长埋藏在树丛中伏击猎物。袋狮躲藏在悬挂的树枝上，等到猎物出现时就一跃而下，把猎物扑倒在地，然后用爪牙把猎物杀死。

袋狮颌部的肌肉表明其咬合力可能是迄今为止所有已知哺乳动物中最强的。虽然袋狮的体形只有非洲狮的一半，但它的咬合力却几乎和非洲狮一样强。

小贴士：一些科学家认为袋狮是植食性动物，它那强有力的牙齿是用来咬开坚果的。不过大部分人都认同袋狮是一种肉食性动物。

物种档案

名称：袋狮（意即"有袋类狮子"）

拉丁文学名发音：thy-lac-oh-lee-oh

种群：有袋类

栖息地：澳大利亚

生活时期：第三纪晚期至第四纪早期（2400万至3万年前）

体长：1.2米

特征：嘴巴前面长着致命的利牙，后面的巨牙则负责把肉咬烂

食物：大型有袋类哺乳动物

天敌：无

*有一种理论认为现今仍有巨猿存活着。有人认为雪人——这种据说生活在喜马拉雅山的野人就是当代巨猿。

巨猿

凶猛的巨猿直立起来很高，并能发出令人恐怖的咆哮声。它是有史以来最大的猿类。巨猿把家安在中国山区丛林密布的山脚下。

图示为巨猿（左）和大猩猩（右）的颌骨模型对比图，可以看出巨猿的颌骨要大得多。所有科学家确切掌握的有关巨猿的信息就是它牙齿的型号，科学家据此推测出了巨猿的外观体形。

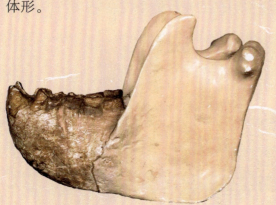

小贴士: 人们首次发现巨猿是在1935年。当时，一名德国古生物学家在中国的一家中药铺里看到有巨猿的牙齿化石在售卖，马上意识到这是一种以前从未发现过的灵长类动物的牙齿。

物种档案

名称: 巨猿（拉丁文原意"巨型猿类"）

拉丁文学名发音: ji-gan-toe-pith-a-kuss

种群: 灵长类

栖息地: 中国

生活时期: 第三纪晚期至第四纪早期（1300万至50万年前）

身高: 3米

特征: 巨大的牙齿可以嚼碎生长在山上的坚硬植物

食物: 竹子和其他植物

天敌: 未知

猛犸

对于冰河世纪的哺乳动物，人们最熟悉的恐怕就是毛茸茸的猛犸了。猛犸全身披满又粗又长的毛发，长着巨大弯曲的长獠牙。今天的大象生活在热带地区，与之不同的是，猛犸更适应在寒冷的气候下生活。

有的时候猛犸会陷入泥炭沼（潮湿的地面，上面覆盖苔藓）里被泥浆掩埋起来；或者当河岸崩溃时，泥浆也会把猛犸埋藏起来。这些泥浆不久后就会冻结，因此我们会挖掘到几千年前的完整冰冻猛犸骨骸。

猛犸的厚毛发可以保护它们免受严寒的侵袭。肩膀上的隆肉里含有脂肪，保证了热量的供给，从而使猛犸可以顺利度过寒冬。巨大弯曲的长牙相当于雪犁的作用，猛犸用它们来刮掉苔藓、地衣和青草上的雪，这些植物都是猛犸的食物。

物种档案

名称： 猛犸（意即"穴居型动物"）
拉丁文学名发音： mam-eth-us
种群： 长鼻类
栖息地： 加拿大、阿拉斯加、西伯利亚和北欧
生活时期： 第三纪晚期至第四纪晚期（480万至2500年前）
身高： 肩高2.7米
特征： 适应在严寒气候中生活
食物： 青草、地衣和苔藓植物
天敌： 人类

小贴士：猛犸"的意思即为"穴居动物"，之所以这样命名，是因为它们的骨头最初是在西伯利亚发现的，当地人认为这是一种生活在地下的动物的骨头化石。

小贴士：南方古猿有几个不同的种类，它们的体形都比现代人要矮小。

南方古猿

　　在跨越数百万年的漫长岁月里，一些原始猿猴类物种进化成了今天地球上生活着的猴子、猿类和人类。在这个进化过程中，南方古猿是其中重要的一支，它们是最早用两腿直立行走的猿类之一。人类就是经由这种直立行走的猿类演化而来的。

　　南方古猿的大脑大约有现代人类的三分之一大，耳朵和牙齿的构造则更像猿类而非人类。

　　南方古猿生活在开阔的平原上，而不是森林中。它们站立起来，以便视野可以越过高高的草丛。南方古猿的手不再像猿类那样用来行走，也不像猴子那样用来爬树，而是用来抓握物体。不过，由于南方古猿的大脑还不够发达，所以它们使用工具的技巧还十分原始。

物种档案

名称：南方古猿（拉丁文原意）

拉丁文学名发音：oss-trah-loh-pith-ek-us

种群：原始人类

栖息地：东非和南部非洲

生活时期：第三纪晚期至第四纪早期（440万至140万年前）

身高：1.2 米

特征：最早像人那样两腿直立行走的猿类

食物：植物和动物

天敌：狮子和猎豹等大型猫科动物

星尾兽

星尾兽的样子看起来就像一只犰狳，但它的体形却有一辆小汽车那么大。第四纪早期，当南美洲还是一块四面环海的孤立大陆时，雕齿兽类就开始在这里进化了。星尾兽的外形和其他大多数的雕齿兽类一样，但也有自己的一些特征：它的尾巴尖有个令人畏惧的骨锤，上面布满了长钉。

星尾兽身披坚硬的铠甲，这些铠甲由许多片状的骨甲组合而成。各骨甲的连接处有缝隙，这使得骨甲就像是一层锁子甲（铠甲的一种，由许多金属小圈链接而成，其柔韧性非常好），可以让星尾兽自由活动。

星尾兽的尾巴僵直，唯一可以弯曲的地方就是它的根部，这使得星尾兽的尾巴十分强劲有力。星尾兽通过扭动坚实的臀部，从而把尾巴横扫出去，其横扫的力度是很大的。

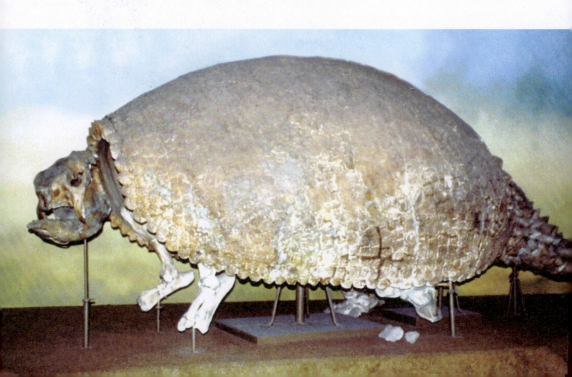

物种档案

名称：星尾兽（意即"杵棒尾"）

拉丁文学名发音：doe-dic-er-us

种群：雕齿兽类（属于贫齿类）

栖息地：南美洲

生活时期：第四纪早期（200万至1.5万年前）

体长：4米

特征：背上披甲壳，尾巴尖的骨锤上长有长钉

食性：植食

天敌：无

小贴士：曾经有一种理论认为，像星尾兽这样的雕齿兽类一直存活到距现今年代不久的时代。持此理论的根据是，人们找到的一些铠甲化石看起来只有一两百年的历史。而事实上那些化石已经存在上万年了，而且也只有那些非常厚实的铠甲化石才是属于雕齿兽类的！

64

大懒兽

今天的树懒是一种小型哺乳动物，最大的只有一只中型犬那么大，它倒挂在树上，以啃树叶为生。然而在史前时期，有些树懒——如地懒，有一头大象那么大，如此大体形的动物是没法在树上生活的。这些巨型树懒长着巨大的爪子，可以扯下树枝，把高处的树叶送到嘴里。大懒兽就是这些地懒中最大的一种。

从图示的大懒兽骨骼标本可以看出其髋骨很宽，后肢粗壮。当大懒兽伸长脖子啃食树上的嫩枝绿叶时，它可以在地面上稳坐如山。

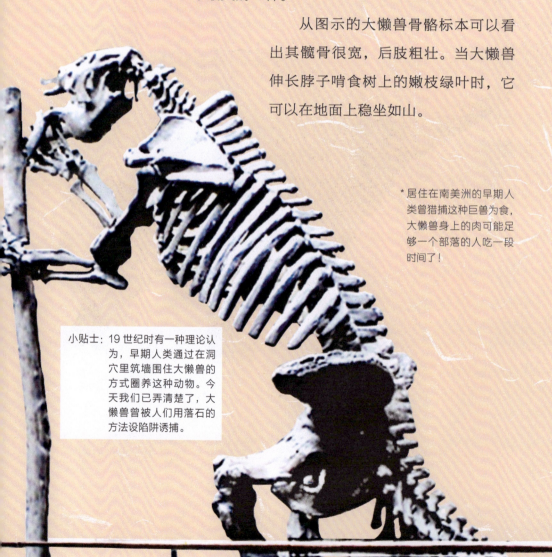

* 居住在南美洲的早期人类曾猎捕这种巨兽为食，大懒兽身上的肉可能足够一个部落的人吃一段时间了！

小贴士：19 世纪时有一种理论认为，早期人类通过在洞穴里筑墙围住大懒兽的方式圈养这种动物。今天我们已弄清楚了，大懒兽曾被人们用落石的方法设陷阱诱捕。

物种档案

名称：大懒兽（意即"巨兽"）

拉丁文学名发音：meg-ah-theer-ee-um

种群：披毛类（属于贫齿类）

栖息地：南美洲

生活时期：第四纪早期到中期（190 万至 8000 年前）

体长：6 米

特征：前肢和后肢上都长着巨大的爪子，身披粗毛

食性：吃植物芽苗和树叶，但也有一些科学家认为大懒兽的大爪子意味着它也
是一种食肉兽

天敌：刃齿虎一类的肉食性哺乳动物

65

披毛犀

这种身上披着卷毛的犀牛是冰河时期大家最熟悉的哺乳动物之一。这种犀牛常年漫步在冰冻的北方平原上，或独自躅（zhú）行，或以小家庭为单位。和猛犸一样，披毛犀非常适应在严寒的气候条件下生活——尽管它的现代亲戚们生活在热带地区。

披毛犀的许多身体特征都有助于它保持体温。它身上披着又粗又长的毛，四肢很短，耳朵很小，使得这些身体部位不至于太冷。

披毛犀的鼻子为骨架结构，以支撑角的重量。披毛犀的角是由夯实的毛发构成的。不管是雄性还是雌性，披毛犀都长有角。披毛犀利用它们的角来清除积雪，从而寻找埋藏在下面的嫩草。

物种档案

名称：披毛犀（意即"空心牙"）

拉丁文学名发音：see-low-dont-ah

种群：奇蹄类

栖息地：北欧和亚洲

生活时期：第四纪早期到中期（180万至2万年前）

体长：3.3米

特征：有两只角，其中一只有1米长

食物：青草

天敌：人类

小贴士：欧洲中部的早期人类曾经捕杀过这种身上有卷毛的犀牛，并且把它们的画像描绘在岩洞的石墙上。

66

古巨蜥

4万年前，当人类的祖先首次到达澳大利亚的时候，他们一定被古巨蜥吓坏了。这种巨大的蜥蜴有一头狮子那么大。古巨蜥是一种可怕的猎食者，长着锋利的牙齿和大爪子。这种恐怖的动物很可能是用伏击的方式捕食，它们静静地守候在灌木丛中，待到猎物走近时就猛扑上去把对方擒获。

古巨蜥无法长距离地快速奔跑，只能依靠瞬间的爆发力来捕获猎物。和其他的蜥蜴类一样，古巨蜥无法调控自身体温，所以如果长距离快速奔跑的话它的身体就会过热。

迄今为止，科学家还没找到一具完整的古巨蜥骨骼化石。从已发现的孤立化石来看，古巨蜥的尾巴很短，身躯很庞大。

小贴士：古巨蜥可以对付比自己体形大10倍的动物，这意味着它可以捕食当时澳大利亚最大的动物。

物种档案

名称：古巨蜥（意即"巨大的撕裂兽"）

拉丁文学名发音：meg-al-ai-nee-ah

种群：巨蜥类

栖息地：澳大利亚

生活时期：第四纪早期（160 万至 4 万年前）

体长：5.5 米

特征：地球上生活过的最大蜥蜴

食性：肉食，既吃自己捕获的猎物，也吃那些死去动物的尸体

天敌：诸如袋狮一类的肉食性有袋类哺乳动物

67

刃齿虎

所谓的剑齿猫科动物是第四纪大型动物的主要敌害。这些猫科动物的每根剑齿就如一把弯曲的利刃，其中尤以刃齿虎的门牙为甚。它们的剑齿可以轻易刺穿猎物的厚皮和肌肉。历史上曾经存在着多种类型的剑齿兽，而刃齿虎是最大的一种。

通过图中这副刃齿虎的颅骨，我们可以清晰地看到其强有力的颌部。刃齿虎的犬齿很长，是有效的杀戮武器。刃齿虎靠刺死猎物捕食，而不是像现代的猫科动物那样咬死猎物。

小贴士：在美国洛杉矶的沥青坑里，人们找到了多具完整的刃齿虎骨骼化石。

物种档案

名称：刃齿虎（意即"长着剑齿的"）

拉丁文学名发音：smy-lo-don

种群：短剑虎类

栖息地：北美洲

生活时期：第四纪早期到中期（160 万至 1.1 万年前）

体长：1.5 米

特征：15 厘米长的犬齿，强健的颈脖肌肉使得剑齿向下咬的力度非常大

捕食对象：象、马、野牛等大型哺乳动物

天敌：无

* 刃齿虎的奔跑速度不快，因此它是通过伏击，然后给予猎物致命一击的方式捕猎的，等到猎物受伤流血而死亡后再吃掉它们。

68

恐鸟

大约 1000 年前，在人类的祖先到达新西兰之前，蝙蝠是当地唯一的哺乳动物。不过当地却有许多种栖息在地面的恐鸟类，其中体形最大的就数恐鸟了。恐鸟是迄今为止地球上生活过的最大的鸟类动物。

你去博物馆参观恐鸟骨骼的时候，通常会看到它的头骨被高高挂起。实际上，那时候的恐鸟常把头贴近地面觅食，不时地抬头严密监视四周是否有危险。

在整个第四纪，新西兰都被森林所覆盖。恐鸟的喙短而宽，很适宜在灌木丛生的森林地面挖掘寻找美味可口的食物。

物种档案

名称：恐鸟（意即"可怕的大鸟"）

拉丁文学名发音：die-nor-nis

种群：平胸类

栖息地：新西兰

生活时期：整个第四纪（160 万至 200 年前）

身高：至背部有 2 米

特征：不会飞行的巨型鸟类，头部很小，下肢粗壮

食性：以嫩枝、浆果和树叶为食，恐鸟也会吞下石块来帮助磨碎和消化食物

天敌：人类及当时生活在新西兰的一种巨鹰

小贴士：一共有 11 种不同种类的
恐鸟，有些只有火鸡那
么大。由于人类的捕杀，
恐鸟类已于大约 200 年
前灭绝了。

69

大角鹿

现代的大角麋鹿和驼鹿都长着蔚为壮观的多杈鹿角，不过，要是和大冰河时代生活的一种鹿——大角鹿的角相比，那可就逊色多了。大角鹿的每一个杈角都可能达到 1.5 米。小朋友，那可能比你还要高！不过只有雄性大角鹿才长有这些杈角，它们利用鹿角来打败竞争对手，从而获得雌性的青睐。

在欧洲许多地方都曾经有大角鹿生活，不过数量最多的还是在爱尔兰，当时那里并没有食肉动物，

食物也很充足。人们
常在爱尔兰的泥炭沼中找
到大角鹿的杈角化石。因此，
大角鹿也常被称为"爱尔兰巨型麋鹿"。

要取得大角鹿群的首领地位，这只大
角鹿必须要高瞻远瞩，能照顾种群，保护
它们不受其他雄性大角鹿的侵害。不过，
首领也无法逃脱被早期人类猎捕的厄运。
到冰河世纪结束的时候，由于人类的过度
捕杀，这种动物灭绝了。

小贴士：大角鹿需要摄入大量的矿物质以维持鹿角每年的
生长。大约 1.1 万年前，地球气候变得寒冷，植
物开始稀少，而这些植物就是大角鹿矿物质的来
源。由于气候的改变，再加上早期人类的捕杀，
大角鹿最后悄然灭绝了。

物种档案

名称：大角鹿（意即"巨型角"）

拉丁文学名发音：meg-ah-loss-er-oss

种群：偶蹄类

栖息地：欧洲和西亚

生活时期：第四纪中期（150 万至 1.1 万年前）

身高：3 米

鹿角宽度：3.3 米，现今最大的驼鹿角也只有约 2 米宽

特征：巨大的鹿角每年都会脱落，然后再长出新的鹿角

食性：以草和低矮植物为食

天敌：早期人类

70

人

人就是我们所属的一个种群，这其中还曾经有过其他几个种。多数科学家认为，直立人是在10万年前开始从非洲出发，足迹遍布全球的人。接下来就到了尼安德特人，然后是我们——现代智人，唯一生存至今的种群。

图中为我们的祖先之一——直立人。直立人会使用火，会用石头、木头和骨头制造工具。

人有两个适应环境的特点：发达的大脑和灵巧的手。这使得我们拥有智慧和能力去改善生活。在45亿年的进化过程中，没有任何一个物种可以像我们人类这样演化出如此高的智力。

物种档案

名称：人（拉丁文原意）

拉丁文学名发音：hoe-mo

种群：人类

生活场所：全世界

生活时期：从第四纪中期（13万年前）至今

身高：1.8米

特征：高智商

食物：动物和植物

天敌：人类自己

小贴士：有一支1.3万年前生活在印度
尼西亚，名为弗洛里斯人的原
始人类，其身高只有1米左右。

图书在版编目（CIP）数据

你不可不知的史前动物百科 / 禹田编著 . —昆明：
晨光出版社，2022.3
ISBN 978-7-5715-1306-1

Ⅰ.①你… Ⅱ.①禹… Ⅲ.①古动物学－少儿读物
Ⅳ.① Q915-49

中国版本图书馆 CIP 数据核字（2021）第 222267 号

NI BUKE BUZHI DE SHIQIAN DONGWU BAIKE

你不可不知的史前动物百科

禹田 编著

出 版 人　杨旭恒

选题策划　禹田文化
项目统筹　孙淑婧
责任编辑　李　政　　常颖雯　　韩建凤
项目编辑　张　玥
装帧设计　尾　巴
内文设计　吴雨谦

出　　版　云南出版集团　晨光出版社
地　　址　昆明市环城西路 609 号新闻出版大楼
邮　　编　650034
发行电话　（010）88356856　88356858
印　　刷　宝蕾元仁浩（天津）印刷有限公司
经　　销　各地新华书店
版　　次　2022 年 3 月第 1 版
印　　次　2022 年 3 月第 1 次印刷
开　　本　170mm×250mm　16 开
印　　张　10
字　　数　35 千字
I S B N　978-7-5715-1306-1
定　　价　28.00 元

图片版权支持　www.totoe.com　argus 千目图片　北京千目图片有限公司　www.argusphoto.com　1TU壹图　微图

* 退换声明：若有印刷质量问题，请及时和销售部门（010-88356856）联系退换。